国家林业和草原局普通高等教育"十四五"规划教材

动物组织学与胚胎学
实验实习指导

段慧琴　主编

U0161980

中国林业出版社
China Forestry Publishing House

内容简介

本书分实验指导和制片技术实习两篇。实验指导篇包括18个实验，涵盖了四大基本组织、各器官系统和早期胚胎发育等，实验内容中不同于其他实验指导书之处在于增加了组织器官的结构特点概括，在操作与观察部分重点强调组织器官的最主要结构特点，以及如何在显微镜下对其进行判定，在扩展学习中增加课程思政教学点，将思政元素融入实验教学过程。制片技术实习篇包括7个实习项目，图文并茂讲解了常规石蜡切片制备、冰冻切片、血涂片、骨磨片、铺片、免疫组织化学染色技术和鸡早期胚胎标本整体制片等。本书集传统的组织学与胚胎学教材之精华，以及多年积累的组织学制片、读片技术和经验于一体，在满足不同院校本科生实习项目需求的基础上，为本科生科研训练提供技术指导。

本书可作为高等院校动物医学和动物科学专业的本科、专科和研究生教学用书，以及临床病理诊断人员的参考书。

图书在版编目（CIP）数据

动物组织学与胚胎学实验实习指导 / 段慧琴主编.
—北京：中国林业出版社，2022.10
国家林业和草原局普通高等教育"十四五"规划教材
ISBN 978-7-5219-1898-4

Ⅰ.①动… Ⅱ.①段… Ⅲ.①动物组织学—实验—高等学校—教学参考资料②动物胚胎学—实验—高等学校—教学参考资料 Ⅳ.①Q95-33

中国版本图书馆CIP数据核字（2022）第184354号

策划编辑：李树梅
责任编辑：李树梅
责任校对：苏　梅
封面设计：五色空间

出版发行　中国林业出版社
　　　　　（100009，北京市西城区刘海胡同7号，电话83223120）
电子邮箱：cfphzbs@163.com
网　　址：www.forestry.gov.cn/lycb.html
印　　刷：北京中科印刷有限公司
版　　次：2022年10月第1版
印　　次：2022年10月第1次印刷
开　　本：787mm×1092mm　1/16
印　　张：7.25
字　　数：150千字
定　　价：38.00元

《动物组织学与胚胎学实验实习指导》
编写人员

主　编　段慧琴

编　者　（按姓氏拼音排序）

陈　芳（佛山科学技术学院）

丁向彬（天津农学院）

段慧琴（北京农学院）

胡　格（北京农学院）

马淑慧（天津农学院）

王水莲（湖南农业大学）

王轶敏（天津农学院）

杨佐君（北京农学院）

张　倩（北京农学院）

前言

　　动物组织学与胚胎学是一门实践性很强的专业基础课，组织学切片观察实验和制片技术实习是课程的重要组成部分，通过实验和实习过程培养学生正确的科学作风及基本技术操作，逐步达到独立使用光学显微镜进行观察辨认切片的能力，从而提高独立思考和综合分析的水平，为其他课程打下一定的形态学基础。编写一本高质量的图文并茂的实验实习指导书很有必要。

　　《动物组织学与胚胎学实验实习指导》是为动物医学、动物科学、兽医学、畜牧学、畜牧兽医学专业编写的实验和实习教学指导书，适用于动物医学专业、动物科学专业相关课程。本书的特色是以培养计划中相关技能训练目标达成为基本教学目标安排实验内容，通过教学使学生完成理论教学内容部分的验证实验，通过实习的综合训练使学生掌握兽医临床检验中与组织学相关切（涂）片的基本制作技术，同时达成学生基本科研训练所要求的组织胚胎学相关能力培养目标。

　　本书实习部分是在北京农学院使用多年的原校内教材《动物组织胚胎学实习指导》的基础上加以充实和更新编写而成的，并增加了数码显微镜图片。本书实验部分中大部分图片来自教学实验所用标本扫描图。

　　本书由北京农学院段慧琴担任主编，编写分工如下：第一章至第四章由佛山科学技术学院陈芳负责编写，第六章至第十章由天津农学院丁向彬、王轶敏、马淑慧负责编写，第十一章和第十二章由湖南农业大学王水莲负责编写，第五章、第十三章和第十四章由北京农学院段慧琴负责编写，第十五章至第十八章由北京农学院杨佐君、胡格、张倩负责编写，附录由北京农学院杨佐君负责编写。

　　在此，感谢北京农学院动物科技学院基础教研室的前辈们对早期相关资料的撰写及对本书的指导和建议，感谢周燕楠和孟繁翔两位同学在切片扫描中付出的辛苦努力。

　　我们希望这本辅助教材能在动物组织学实验和实习中发挥积极作用。编写中的疏漏之处，敬请读者批评指正。

段慧琴

2022 年 5 月

目录

动物组织学与胚胎学

实验指导篇

第 一 章 上皮组织

上皮组织简称上皮，主要分布于体表、体内有腔器官的游离面。上皮组织的结构特点：上皮细胞形态规则且排列紧密，细胞间质少，上皮细胞具有明显的极性，朝向体表或管腔的一端为游离面，另一端为基底面，与基底膜连接；上皮组织具有保护、吸收、分泌、排泄、屏障、感觉多种功能。根据上皮组织的结构、功能及分布不同，将其分为四大类：被覆上皮、腺上皮、感觉上皮和生殖上皮。被覆上皮按细胞层数和细胞形状分类，分为单层上皮和复层上皮，单层上皮包括：单层扁平上皮、单层立方上皮、单层柱状上皮和假复层纤毛柱状上皮；复层上皮包括：变移上皮、复层扁平上皮和复层柱状上皮。以分泌为主要功能的上皮称为腺上皮。构成腺上皮的细胞多排列成束状或团块状，也可形成腺管或腺泡，根据有无导管腺体分为外分泌腺和内分泌腺。

实验一 上皮组织

【实验目的】

显微镜下辨认单层扁平上皮、单层立方上皮、单层柱状上皮、假复层纤毛柱状上皮、变移上皮和复层扁平上皮的结构特点；高倍镜下辨认浆液腺腺泡、黏液腺腺泡和混合腺腺泡的结构特点。

【实验内容】

被覆上皮（单层扁平上皮、单层立方上皮、单层柱状上皮、假复层纤毛柱状上皮、变移上皮和复层扁平上皮），腺上皮。

（一）被覆上皮

1. 结构特点

（1）单层扁平上皮 由一层扁平的多边形细胞组成，从表面看，细胞呈不规则的多边形，边缘呈锯齿状，彼此间相互嵌合。侧面为扁平状，细胞核扁椭圆形向外突出，位于细胞中央，细胞质少。衬于心脏、血管和淋巴管腔面的称为内皮，分布在胸膜、腹膜、心包膜及器官外表面的称为间皮。

（2）单层立方上皮 侧面观由立方形细胞组成，细胞核呈圆形，位于细胞中央。分布在肾小管、外分泌腺的小导管、甲状腺滤泡、小叶间胆管等部位。

（3）单层柱状上皮　侧面观由一层柱状细胞组成，细胞核椭圆形，多靠近基底面，主要分布在胃肠、胆囊、子宫和输卵管的游离面，具有吸收和分泌功能。分布在小肠腔面的单层柱状上皮细胞游离面有密集排列的微绒毛，称为纹状缘。

（4）假复层纤毛柱状上皮　由形态不同、高低不等的柱状细胞、杯状细胞、梭形细胞和锥体形细胞组成，细胞核的位置高矮不同，似复层，但细胞的基底面均附于同一基膜上，实为单层上皮，分布在各级呼吸道黏膜。

（5）变移上皮　属复层上皮，细胞的形态和层数可随器官的功能状态而改变。器官扩张时，层数变少，有2~3层；收缩时，有5~6层，分布在有尿液通过的器官。

（6）复层扁平上皮　又称复层鳞状上皮，由多层细胞组成。最外层是一层扁平细胞，紧靠基膜的一层为低柱状，中间数层为多边形。分布于皮肤表皮的复层扁平上皮表层细胞形成角质层，称为角化复层扁平上皮，而衬在口腔、食管、肛门、阴道和反刍动物前胃内的表层细胞不形成角质层，称为非角质化的复层扁平上皮。

2. 操作与观察

标本：鼠肠系膜铺片，空肠切片，甲状腺切片，气管切片，膀胱切片，皮肤切片，食管切片。

高倍镜下观察鼠肠系膜铺片可见上皮细胞呈不规则形或多边形，相邻细胞之间有棕黑色的硝酸银颗粒沉积。细胞核呈椭圆形，不着色（可用苏木素复染），细胞排列紧密，边缘锯齿状相互嵌合在一起，硝酸盐沉淀在细胞膜，细胞边缘深棕色，中央呈空泡状（图1-1）。

高倍镜下观察空肠切片可见在切片的边缘（浆膜）有一条弯曲、且着浅红色的细带，为单层扁平上皮的侧面观，可以看到蓝紫色的较小的上皮细胞核。细胞核呈扁椭圆形或卵圆形，因上皮细胞呈扁平状，细胞核周围仅见少量的嗜酸性胞质（图1-2）。

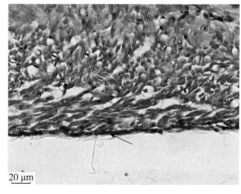

图1-1　单层扁平上皮正面观（硝酸银染色）　　图1-2　单层扁平上皮侧面观（HE染色）

高倍镜下观察甲状腺切片可见甲状腺腺泡由单层立方上皮围成，细胞核呈圆形，较大，位于细胞中央，呈蓝紫色，细胞质呈淡红色（图1-3）。

观察空肠切片可见空肠的内表面（黏膜上皮）被覆单层柱状上皮，细胞核呈长椭圆形或杆状，靠近基底面，排列紧密。有些部位的上皮细胞核排成多层是由于上皮细胞被斜切所致。柱状细胞表面可见红色条带状，为纹状缘。柱状细胞间可见杯状细胞，其外形似高脚酒杯，细胞游离面的纹状缘中断，细胞质呈现圆形或椭圆形的空泡区（黏液颗粒在制片过程中被溶解），细胞核位于细胞基底面（图1-4）。

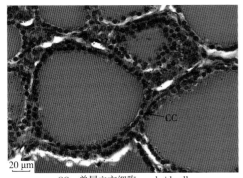

CC：单层立方细胞，cuboid cell

图1-3　单层立方上皮（HE染色）

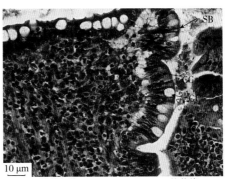

CC：柱状细胞，columnar cell；SB：纹状缘，striated border；GC：杯状细胞，goblet cell

图1-4　单层柱状上皮（HE染色）

观察气管腔面，假复层纤毛柱状上皮的细胞核密集排列成数层，染成蓝色。上皮细胞界限不清，游离面有成簇或成排的浅红色细丝，即纤毛。纤毛所在的细胞为纤毛细胞，呈柱状，该细胞上半部呈柱状，下半部纤细，细胞核呈椭圆形，位于多层上皮细胞核的浅层，纤毛细胞间常有杯状细胞，深层的细胞核多呈圆形、细胞质少，为锥体形细胞，其他的细胞多数是梭形细胞，细胞核圆形，位于多层排列的细胞核中间部位（图1-5）。

观察膀胱切片可见膀胱的内表面即腔面被覆变移上皮，变移上皮较厚，上皮细胞层次多，表层的细胞体积大，为盖细胞，呈立方形或长方形，细胞核呈圆形或椭圆形，有的细胞含两个细胞核，细胞质丰富，嗜酸性，着色较红。中间层的细胞呈倒梨形，细胞核呈圆形。基底层的细胞核呈卵圆形或圆形。膀胱扩张时，上皮较薄，细胞层数较少（图1-6左）。膀胱收缩时，上皮较厚，细胞层数较多，细胞多近立方形（图1-6右）。

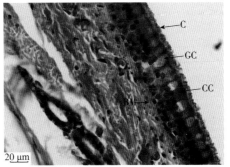

CC：柱状细胞，columnar cell；BM：基膜，basement membrane；C：纤毛，cilium；GC：杯状细胞，goblet cell

图1-5　假复层纤毛柱状上皮（HE染色）

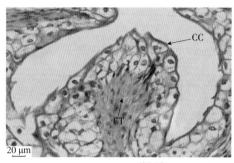
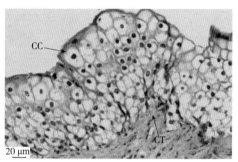

CC：盖细胞，cover cell；CT：结缔组织，connective tissue

图 1-6　变移上皮（HE 染色）

　　观察食管切片可见紧靠基膜的一层为低柱状，中间数层为多边形，近浅层移行为扁平形，复层扁平上皮的表层细胞不形成角质层，称为未角化复层扁平上皮（图 1-7）。

　　观察皮肤切片可见皮肤的表皮由复层扁平上皮构成。靠近基膜是基底层，一层细胞呈矮柱状，细胞核呈圆形，着色深，浅层的细胞呈梭形或扁平，细胞核深染呈扁圆形，角质层位于表皮的最表层，嗜酸性，呈均质红色（图 1-8）。

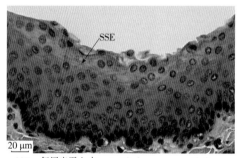

SSE：复层扁平上皮，stratified squamous epithelium

图 1-7　未角化复层扁平上皮（HE 染色）

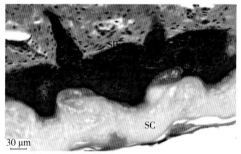

SC：角质层，stratum corneum；
SB：基底层，stratum basale

图 1-8　角化复层扁平上皮（HE 染色）

（二）腺上皮

1. 结构特点

　　根据腺细胞分泌物的性质，可将外分泌腺分为浆液腺、黏液腺和混合腺。浆液腺腺泡由浆液性腺细胞组成，腺细胞多呈锥体形，着色深，细胞核呈圆形，着色较浅，位于细胞中央或靠近基底部；黏液腺腺泡由黏液性腺细胞组成，腺细胞多呈矮柱状、立方形或锥形，细胞着色较浅，大部分细胞质呈空泡状，细胞核多为扁平状，位于细胞的基底部。混合腺腺泡由黏液性腺细胞和浆液性腺细胞共同构成，浆液性腺细胞排列成半月形附在黏液性腺细胞的一侧。

2. 操作与观察

　　标本：颌下腺切片，腮腺切片。

在颌下腺中可见大量黏液腺腺泡，细胞质着色浅，内含大量的黏原颗粒，细胞核被挤向基底部，呈扁平月牙形。还可见到混合腺腺泡，在黏液腺腺泡的一侧有几个浆液性的细胞附着，呈半月状排列，色红，又称浆半月；在腮腺中有大量浆液腺腺泡，细胞质着色深，细胞核呈圆形，位于细胞中央（图 1-9、图 1-10）。

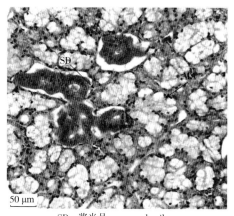

SD：浆半月，serous demilune；
MA：黏液腺腺泡，mucous acinus

图 1-9　颌下腺（HE 染色）

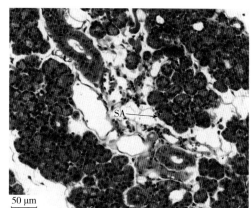

SA：浆液腺腺泡，serous acinus

图 1-10　腮腺（HE 染色）

【课程目标】

通过实验观察掌握上皮组织的分类、分布及其功能特点，能正确绘制各种上皮组织的组织学结构图。

【扩展学习】

结合上皮组织的分布了解机体的黏膜免疫功能。

作业与思考题

1. 绘制单层扁平上皮结构图及假复层纤毛柱状上皮结构高倍镜图。
2. 简述被覆上皮的结构特点及分布规律。
3. 简述复层扁平上皮和变移上皮在形态结构和功能上有什么不同？

第 二 章 | 结缔组织

结缔组织是动物体内分布最为广泛的一类组织，由细胞和大量的细胞间质构成。结缔组织根据形态结构不同分为固有结缔组织、骨组织、软骨组织、血液和淋巴。固有结缔组织包括疏松结缔组织、致密结缔组织、网状组织和脂肪组织。疏松结缔组织细胞种类较多，主要有成纤维细胞、纤维细胞、巨噬细胞、肥大细胞、浆细胞、脂肪细胞、间充质细胞和白细胞。细胞间质主要包括基质和纤维，纤维分为胶原纤维、弹性纤维和网状纤维三种。各种结缔组织均是由间充质细胞分化而来。结缔组织具有连接、支持、营养、保护、防御、修复等功能。

实验二　固有结缔组织

【实验目的】

显微镜下辨认疏松结缔组织和项韧带的结构特点，高倍镜下辨认肥大细胞。

【实验内容】

疏松结缔组织，弹性组织。

（一）疏松结缔组织

1. 结构特点

疏松结缔组织又称蜂窝组织，结构疏松，呈蜂窝状，柔软而富有弹性和韧性，广泛分布在器官、组织和细胞之间，起支持、连接、营养和保护等作用。疏松结缔组织的细胞种类多，纤维较少，相互交织在一起，细胞和纤维分散在大量的基质内。疏松结缔组织中有胶原纤维、弹性纤维和网状纤维，三种纤维有机地结合在一起，包埋在基质中。疏松结缔组织内的细胞种类较多，主要分为两类：一类为相对固定的细胞，包括成纤维细胞、巨噬细胞、肥大细胞、脂肪细胞和间充质细胞；另一类为可游走的细胞，包括浆细胞和由血液中迁移来的白细胞。成纤维细胞是疏松结缔组织内数量最多的细胞，细胞较大，呈扁平状，伸出许多长的突起，细胞质较多，细胞核周围的细胞质着色较深，外周及突起着色浅，细胞质弱嗜碱性，细胞核较大，呈卵圆形，可见 1～2 个核仁。肥大细胞较大，呈卵圆形，细胞核小而圆，居中，着色深。经甲苯胺蓝染色后可见细胞质中充满异染性颗粒。肥大细胞常沿小血管或小淋巴管分布。浆细胞呈椭圆形，细胞核圆形，多偏于细胞一侧，异染色质块状呈辐射状排列，似车轮状，细胞质丰富，弱嗜碱性，细胞核旁有一浅染区，浆细胞在一般的结缔组织内很少。

2. 操作与观察

标本：疏松结缔组织撕片。

观察 HE 染色的疏松结缔组织撕片，低倍镜下可见纵横交错呈淡红色的胶原纤维和深紫色单根的弹性纤维，纤维间有许多散在的细胞。胶原纤维着淡红色，数量多，为长短粗细均不等的纤维束，呈现波浪状且有分支，相互交织成网，适当地调暗光亮度，胶原纤维的可见度会有所增加。弹性纤维数量少，呈深紫色的发丝状，长而比较直，断端有卷曲。成纤维细胞数量最多，细胞大，具有多个突起。由于细胞质着色极浅而细胞轮廓不清，细胞轮廓只能根据细胞核较大、呈椭圆形、有 1～2 个明显的核仁等特点判断。这些细胞多沿胶原纤维分布。另外，镜下还可见到一些椭圆形、较小且深染，核仁不明显的细胞核，此为功能不活跃的纤维细胞的细胞核（图 2-1）。

观察甲苯胺蓝染色的疏松结缔组织可见肥大细胞多呈卵圆形，细胞质内充满蓝紫色的分泌颗粒，少数肥大细胞破裂，其分泌颗粒外溢于细胞附近，细胞核较小而圆，不着色（图 2-2）。

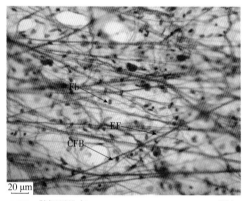

CFB：胶原纤维束，collagnous fiber bundle；EF：弹性纤维，elastic fiber；Fb：成纤维细胞，fibroblast

图 2-1 疏松结缔组织（HE 染色）

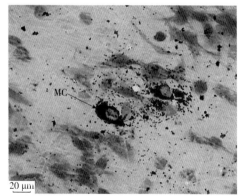

MC：肥大细胞，mast cell

图 2-2 疏松结缔组织（甲苯胺蓝染色）

（二）弹性组织

1. 结构特点

弹性组织是以弹性纤维为主的致密结缔组织，粗大的弹性纤维平行排列成束，并以细小的分支连接成网，其间有胶原纤维和成纤维细胞，如项韧带，以适应脊柱运动；或者编织成膜状，如弹性动脉中膜的弹性膜，以缓冲血流压力。

2. 操作与观察

标本：项韧带纵切。

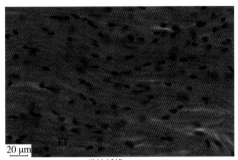

EF: 弹性纤维, elastic fiber

图 2-3 项韧带纵切（HE 染色）

高倍镜下可见大量平行排列的弹性纤维，纤维之间是成纤维细胞的细胞核，观察时要与平滑肌进行比较（图 2-3）。

【课程目标】

通过实验观察掌握疏松结缔组织的结构特点与功能的联系；掌握不同结缔组织的结构区别；能正确绘制疏松结缔组织的组织学结构图。

【扩展学习】

结合肥大细胞的功能了解过敏反应（花粉过敏等）发生的组织学基础。

作业与思考题

1. 比较上皮组织和结缔组织的结构特点。

2. 疏松结缔组织中有哪几种细胞和纤维？

3. 绘制 HE 染色疏松结缔组织的组织学结构图。

实验三　软骨组织、骨组织

【实验目的】

辨认透明软骨和骨组织的高、低倍镜下的结构特点。

【实验内容】

软骨组织，骨组织。

（一）软骨组织

1. 结构特点

软骨组织是由软骨细胞和细胞间质构成，软骨组织内没有血管，所需营养由软骨膜的血管供应。软骨组织的细胞间质由基质和纤维构成。软骨基质呈凝胶状或半固体状，有一定的硬度和弹性，基质的主要成分是软骨黏蛋白和水，基质内有许多椭圆形小腔，称为软骨陷窝。软骨陷窝周围的基质内硫酸软骨素含量高，嗜碱性强，称为软骨囊。软骨基质中的纤维成分有胶原纤维、弹性纤维和胶原原纤维，埋入软骨基质中，不同类型的软骨所含纤维成分不同。软骨细胞位于软骨陷窝内，幼稚的软骨细胞位于软骨组织的表层，越向深层的软骨细胞体积逐渐增大呈圆形，细胞核圆形或卵圆形，着色浅，可见一个或多个核仁，细胞质弱嗜碱性。软骨分为三种类型：透明软骨、纤维软骨和弹性软骨。

2. 操作与观察

标本：气管透明软骨切片。

观察气管切片，可见气管壁中层呈蓝色或浅蓝色的环形带状结构，即透明软骨，其内埋有许多深蓝色的圆点，即软骨细胞核。软骨的表面被覆有粉红色的软骨膜。透明软骨基质，呈嗜碱性，着紫蓝色，深浅不均。软骨边缘部的基质着色较中间部的浅。基质中的胶原原纤维未能显示。基质中软骨陷窝呈圆形或椭圆形的空穴，软骨陷窝周围软骨囊呈强嗜碱性。软骨细胞位于软骨陷窝内，被软骨囊包裹。浅层的软骨细胞呈扁平形、体积小，与软骨长轴平行排列，软骨中间的软骨细胞，体积较大，呈圆形或椭圆形、常三五成群分布，形成同源细胞群，其外周的软骨囊明显（图 2-4）。

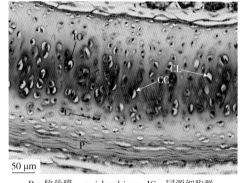

P：软骨膜，perichondrium；IG：同源细胞群，isogenous group；C：软骨细胞，chondrocyte；CL：软骨陷窝，cartilage lacunae；CC：软骨囊，cartilage capsule

图 2-4　气管透明软骨（HE 染色）

（二）骨组织

1. 结构特点

骨组织由细胞和细胞间质构成，细胞成分有骨原细胞、成骨细胞、骨细胞和破骨细胞，细胞间质内含有大量钙盐的骨基质。骨细胞数量最多，单个分散于骨板内或骨板间。细胞较小，呈扁椭圆形，细胞向四周伸出许多细长的突起，细胞核圆形或椭圆形。胞体所占据的腔隙称为骨陷窝，突起所在的腔隙称为骨小管，骨小管彼此相通。骨由骨膜、骨质和骨髓构成。骨质分为骨密质和骨松质，骨密质分布于长骨的骨干和骨骺外表面，骨基质中的骨胶纤维成层排列，并与骨盐紧密结合，构成板层状结构，称为骨板。骨板有规律地排列，骨板又分为环骨板、骨单位和间骨板三种。

2. 操作与观察

标本：骨磨片。

观察骨磨片，高倍镜下可见大小不等的圆筒形结构是骨单位，其中央的管称为中央管或哈弗氏管。骨单位之间呈扇形或不规则形的数层骨板，是间骨板；骨板内或骨板间散在的棕黑色椭圆形小体为骨陷窝，是骨细胞胞体所在之处，其上发出的细丝为骨小管（图 2-5）。

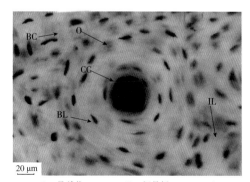

O：骨单位，osteon；IL：间骨板，interstitial lamellae；CC：中央管，central canal；BL：骨陷窝，bone lacunae；BC：骨小管，bone canaliculi

图 2-5　骨磨片（结晶紫染色）

【课程目标】

通过实验掌握软骨组织和骨组织的结构及功能；了解同源细胞群的意义，骨单位的结构特点；能正确绘制透明软骨组织和骨单位的组织学结构图。

【扩展学习】

补钙与骨骼健康的关系。

作业与思考题

1. 绘制气管透明软骨高倍镜图。
2. 简述软骨组织的分类和分布特点。

实验四　血液

【实验目的】

显微镜下辨认哺乳动物血细胞和禽类血细胞的结构特点，并学会辨识各种血细胞。

【实验内容】

哺乳动物血涂片，禽类血涂片。

（一）哺乳动物血液

1. 结构特点

血涂片经过瑞氏（Wright）或吉姆萨（Giemsa）染色后，光镜下可见血液中的有形成分包括红细胞、白细胞和血小板。根据光镜下细胞质中有无特殊颗粒，白细胞又分为有粒白细胞和无粒白细胞两种。白细胞比红细胞体积大，种类较多，数量较红细胞少。根据颗粒对不同染料的亲和力，有粒白细胞又分为中性粒细胞、嗜酸性粒细胞和嗜碱性粒细胞。无粒白细胞可分为淋巴细胞和单核细胞。红细胞数量最多，体积小而均匀分布。大多数哺乳动物成熟的红细胞呈粉红色的圆盘状，边缘厚，着色较深，中央薄，着色较浅，无细胞核无细胞器。骆驼和鹿的红细胞为无核的椭圆形。

（1）有粒白细胞　细胞球形，细胞质嗜酸性，内含有特殊颗粒；细胞核形状不规则，多呈分叶状。

①中性粒细胞：是白细胞中数量较多的一种，细胞呈球形，细胞质淡粉红色，内有细小颗粒，着色浅；细胞核形态多样，有杆状（为幼稚型，似"S"形或"U"形等多种形态）或分叶状，分叶状核一般分 3~5 叶。

②嗜酸性粒细胞：呈球形，比中性粒细胞略大，数量少。细胞质内充满粗大均匀的嗜

酸性颗粒，着橘红色，马的嗜酸性颗粒粗大，晶莹透亮，呈圆形或椭圆形；细胞核常分两叶，呈紫蓝色。

③嗜碱性粒细胞：数量最少，呈球形，直径 10~15 μm，细胞质中含有大小不等，形状不一的嗜碱性特殊颗粒，颗粒呈蓝紫色，常盖于细胞核上；细胞核双叶状或呈 "S" 形，呈浅紫红色。

（2）无粒白细胞　分化程度低，可分化成其他细胞，细胞核不分叶，细胞质嗜碱性，内无特殊颗粒。

①单核细胞：数量较少，体积最大，直径 10~20 μm，细胞体呈球形，细胞核有椭圆形、肾形、马蹄形或不规则形，常偏位，细胞核内染色质稀疏，色淡；细胞质较多，呈弱嗜碱性，着灰蓝色，偶见细小紫红色的嗜天青颗粒。

②淋巴细胞：数量较多，有大、中、小三种类型，其中小淋巴细胞最多，血膜上很易见到，体积与红细胞相近或略大，呈球形，细胞圆形，细胞质很少，在细胞核周围成一窄带，嗜碱性，染成天蓝色，细胞核呈圆形或椭圆形，一侧常有一凹陷，细胞核内染色质致密呈块状，深蓝紫色。大淋巴细胞在正常血液中不常见到，体积比单核细胞相近或略小，细胞质更多，呈天蓝色，围绕细胞核周围的细胞质呈一淡染区，细胞核呈圆形，深紫蓝色。

哺乳动物血小板又称血栓细胞，直径 2~4 μm，内无细胞核，有细胞器。

2. 操作与观察

标本：小鼠血涂片。

高倍镜下观察小鼠血涂片可见视野中绝大多数红细胞为红色（不同染色涂片根据染色具体操作会出现染色深浅不一的情况），细胞呈圆盘状，无细胞核，或散在，或成串状；白细胞内有细胞核，细胞体积较红细胞大，细胞核蓝紫色，散在分布于红细胞之间，可在高倍镜下根据形态特点进一步确认（图 2-6）。

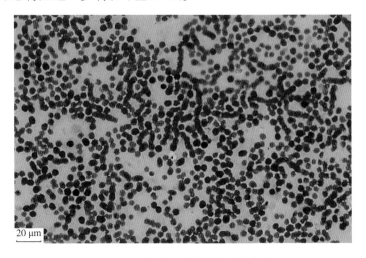

20 μm

图 2-6　小鼠血涂片（瑞氏染色）

油镜下可见红细胞呈红色。中性粒细胞是最容易见到的白细胞，体积较红细胞大，细胞质着色浅，细胞核多呈分叶状，有少数的中性粒细胞核呈杆状。嗜酸性粒细胞体积较中性粒细胞略大，细胞质中可见很多大小、形态均规则的嗜酸性颗粒，为该细胞最主要的形态学特征。淋巴细胞也是比较容易见到的白细胞，多数淋巴细胞的大小与红细胞相近，即小淋巴细胞，通常小淋巴细胞不易见到细胞质，只能见到球形细胞核。中淋巴细胞比小淋巴细胞稍大，细胞质稍多，呈圆形，细胞核一侧有明显凹陷。嗜碱性粒细胞数量少不易见到，可通过体积大，有嗜碱性颗粒进行辩认。单核细胞要和大淋巴细胞进行区别，主要根据细胞核的形态和细胞质多少进行区别。与淋巴细胞相比较细胞质丰富，灰蓝色，数量少不易见到。视野中可以看到为形态不规则的紫蓝色小片为血小板，单个或成群分布在血细胞之间（图 2-7）。

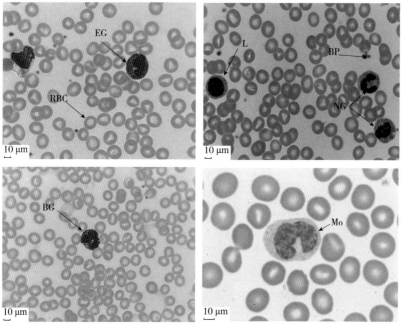

RBC：红细胞，red blood cell；NG：中性粒细胞，neutrophilic granulocyte；
EG：嗜酸性粒细胞，eosinophilic granulocyte；BG：嗜碱性粒细胞，basophilic granulocyte；
L：淋巴细胞，lymphocyte；BP：血小板，blood platelet；Mo：单核细胞，monocyte

图 2-7　小鼠血涂片中白细胞观察（瑞氏染色）

（二）家禽血细胞

1.结构特点

禽类的血细胞包括红细胞、白细胞和凝血细胞，与哺乳动物的血细胞比较，具有以下结构特点：红细胞呈椭圆形，比哺乳动物的红细胞体积大，细胞质嗜酸性强，具有一个卵圆形的细胞核，细胞质内含有大量的血红蛋白，也含有线粒体和高尔基体等细胞器；有粒白细胞包括异嗜性粒细胞、嗜酸性粒细胞和嗜碱性粒细胞。异嗜性粒细胞相当于哺乳动物的中性粒细胞，呈球形，细胞质内含有短棒状异嗜性颗粒，细胞核呈两叶或三叶分叶状。凝血细胞的功能相当于哺乳动物的血小板，但它是完整的细胞，具有细胞核和细胞器。细胞体呈椭圆形，形状与红细胞相似，但体积较红细胞小，细胞体内有一个椭圆形或近似圆形的细胞核，位于细胞中央，细胞质嗜碱性，着淡蓝色，在细胞质的一侧有少量的嗜天青颗粒。在血涂片中，凝血细胞常成群聚集在一起。

2. 操作与观察

标本：鸡血涂片。

低倍镜下观察鸡血涂片，可见视野中绝大多数血细胞是椭圆形，具有一个卵圆形的细胞核；细胞体积较红细胞大，数量少，散在分布于红细胞之间的是白细胞，最易见到的是异嗜性粒细胞，由于颗粒为短棒状，导致血涂片中细胞形态不规则（图2-8）。

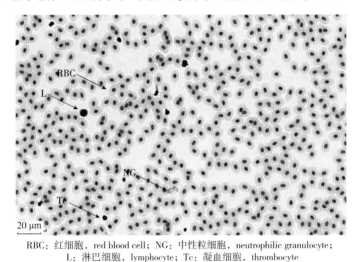

RBC：红细胞，red blood cell；NG：中性粒细胞，neutrophilic granulocyte；
L：淋巴细胞，lymphocyte；Tc：凝血细胞，thrombocyte

图2-8　鸡血涂片（瑞氏染色）

【课程目标】

通过实验观察掌握哺乳动物和禽类血细胞的组织学结构特点及其功能，比较异同点；能正确绘制哺乳动物血细胞组织学结构图。

【扩展学习】

结合血细胞生命周期及代偿特点，了解全血献血的益处和意义。

作业与思考题

1. 绘制哺乳动物血涂片中的各种血细胞高倍镜图。

2. 简述血液中各种血细胞的正常值。

第 三 章 | 肌组织

肌组织主要由肌细胞组成，肌细胞之间有少量结缔组织及血管和神经分布。肌细胞可以进行舒张和收缩活动。肌细胞呈细长纤维状，又称肌纤维，肌纤维的细胞膜称为肌膜，细胞质称为肌浆，肌浆内的滑面内质网称为肌浆（质）网。根据肌纤维的形态结构和功能特点，肌组织分为骨骼肌、心肌和平滑肌三种。骨骼肌和心肌的肌纤维上有明显的横纹，属横纹肌；平滑肌肌纤维无横纹，属无横纹肌。骨骼肌主要分布于躯体和四肢，受躯体神经支配，能随意运动，属随意肌；心肌分布于心脏，平滑肌主要分布于内脏器官，均受自主神经支配，不能随意运动，属不随意肌。

实验五　肌组织

【实验目的】

显微镜辨认骨骼肌、心肌和平滑肌肌纤维的结构特点。

【实验内容】

骨骼肌，心肌，平滑肌。

（一）骨骼肌

1. 结构特点

骨骼肌纤维呈长圆柱形，细胞核椭圆形，异染色质较少，核仁明显，细胞核可多达数百个，位于肌纤维周边，紧贴肌膜。细胞质内含有许多与细胞长轴平行排列的肌丝束，称为肌原纤维。每束肌原纤维上都呈现明暗相间的带。骨骼肌的纵切面上有许多平行排列着的圆柱状肌纤维，有明暗相间的横纹，边缘有很多淡染的细胞核。骨骼肌的横切面上可见肌纤维里的肌原纤维被切成点状或短杆状（斜切），有的均匀分布，有的被细胞质分成多个小区；可以见到少量位于周边的圆形淡染的细胞核。肌纤维周围有疏松结缔组织包裹（肌内膜和肌束膜），结缔组织内含丰富的血管。

2. 操作与观察

标本：骨骼肌纵切片。

高倍镜下可见骨骼肌纤维呈长圆柱形，有多个椭圆形细胞核，细胞内有明显横纹

（图 3-1 ）。

（二）心肌

1. 结构特点

心肌纤维呈短柱状，有分支，长 50~100 μm，直径 10~20 μm。横纹不如骨骼肌明显。心肌纤维的分支相互吻合成网状，在细胞连接处，肌膜分化成特殊结构，称为闰盘。纵切的心肌纤维，细胞呈短柱状，平行排列，相邻肌纤维相互吻合，互连成网；细胞核椭圆形，位于细胞中央。心肌横切面呈大小不等的圆形或椭圆形切面，细胞质嗜酸性；中间有一圆形细胞核，细胞核周围清亮。

2. 操作与观察

标本：心脏切片。

观察心脏切片，找到心肌纵切的心肌纤维，细胞呈短柱状，平行排列，相邻肌纤维相互吻合，互连成网；细胞核椭圆形，位于细胞中央，细胞连接处可见闰盘（图 3-2）。

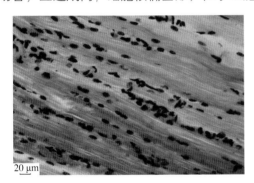

ID：闰盘，intercalated disk

图 3-1　骨骼肌纵切（铁苏木素染色）　　　图 3-2　心肌纵切（铁苏木素染色）

（三）平滑肌

1. 结构特点

平滑肌纤维呈细长梭形，长约 100 μm，直径约 10 μm，每个细胞有一个细胞核，呈椭圆形，位于细胞中央。相邻肌纤维的粗部与细部相嵌合，使其排列紧密。平滑而无横纹结构。平滑肌纤维纵切呈细长纺锤形，彼此嵌合紧密，细胞质嗜酸性，呈均质状，无横纹；细胞核为长椭圆形，位于肌纤维中央，可见到扭曲的细胞核（由于平滑肌收缩所引起）。横切平滑肌呈大小不等的圆形切面，较大的圆形切面上可见到细胞核，偏离肌纤维中部的切面均较小而无细胞核。

2. 操作与观察

标本：平滑肌切片。

高倍镜下可见血管壁平滑肌层环形分布，肌纤维呈细长梭形，细胞核位于细胞中央，

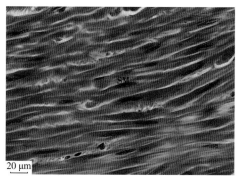

SM：平滑肌细胞，smooth muscle

图 3-3 平滑肌纵切（HE 染色）

长卵圆形（图 3-3）。

【课程目标】

通过实验观察进一步掌握三种肌组织的组织学结构特点，结合功能了解结构异同点，能正确绘制骨骼肌、心肌和平滑肌的组织学结构图。

【扩展学习】

1. 体育锻炼对骨骼肌纤维的影响。

2. 骨骼肌细胞收缩的分子机制。

作业与思考题

1. 绘制骨骼肌纤维的纵切面高倍镜图。

2. 简述骨骼肌收缩的分子机制。

3. 如何在光镜下分辨三种肌组织的组织学结构？

第 四 章 | 神经组织

神经组织是构成神经系统的主要部分，由神经细胞和神经胶质细胞组成。神经细胞又称神经元，具有传导神经冲动的功能；神经胶质细胞是神经组织中的辅助成分，数量多，无传导功能，对神经元有支持、保护、绝缘、营养等作用。

实验六　神经组织

【实验目的】

显微镜下辨认神经组织中神经元和躯体运动神经末梢运动终板的形态结构特点。

【实验内容】

神经元，躯体运动神经末梢。

（一）神经元

1. 结构特点

神经元是高度分化的细胞，形态多样，大小不一，但一般都由胞体和突起两部分构成。胞体位于脑、脊髓的灰质及神经节内，直径为 4~150 μm，有星形、梨形、锥体形、梭形和圆球形等。胞体中央有一个大而圆、着色很淡的细胞核，细胞核与核仁均很清晰，染色质呈细颗粒状。细胞质中分布着许多深蓝紫色、大小不等的团块状物质是尼氏体，尼氏体分布在细胞体和树突中。突起分树突和轴突两种，每个神经元有一个或多个树突，而轴突只有一条，轴突的起始部粗大称轴丘，轴突内无尼氏体，神经元内含有神经原纤维。

2. 操作与观察

标本：兔脊髓横切。

兔脊髓的横切面为椭圆形，其中央呈蝶形的淡蓝色结构，即脊髓灰质，其余部分为白质。在灰质内可见一些体积大、而又大小不等、着色较深、有多个突起的细胞。高倍镜下可见神经元的细胞核大、圆形、着色浅、核仁清楚，有时未切到；细胞质内呈深蓝色大小不等的小块或颗粒状结构，即尼氏体，分布于核周质及树突内。轴突于胞体的起始处，常呈锥形，其内无尼氏体，着色浅，此部即轴丘（图 4-1）。

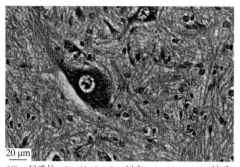

NB：尼氏体，Nissl body；D：树突，dendrite；AH：轴丘，axon hillock；NC：神经胶质细胞，neuroglia cell

图 4-1 神经元（HE 染色）

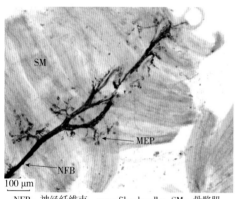

NFB：神经纤维束，nerve fiber bundle；SM：骨骼肌，skeletal muscle；MEP：运动终板，motor end plate

图 4-2 运动终板（氯化金镀染）

（二）躯体运动神经末梢

1. 结构特点

神经末梢是周围神经纤维的终末部分，分布于全身各组织或器官内。按其功能可分为感觉神经末梢和运动神经末梢。常见的运动神经末梢包括躯体运动神经末梢和内脏运动神经末梢两种。躯体运动神经末梢分布于骨骼肌内。神经元胞体位于脊髓灰质前角或脑干内，当其长轴突离开中枢神经系统抵达骨骼肌时，脱去髓鞘，轴突反复分支，每一分支末端形成纽扣状膨大与骨骼肌形成化学突触连接，此连接区域呈椭圆形板状隆起，称为运动终板或神经肌连接。一根有髓运动神经纤维及其分支所支配的骨骼肌纤维数目多少不等，少者仅 1~2 条，多者可达上千条，而一条骨骼肌纤维通常只有一个轴突分支支配。

2. 操作与观察

标本：运动终板装片。

高倍镜下可见黑色的神经纤维束（粗索状）及神经纤维（细线状）。带状、有横纹、数量多的结构为骨骼肌纤维，着浅紫红色。神经纤维的轴突反复分支，末端呈葡萄状膨大贴附在骨骼肌纤维肌膜上，呈鸡爪或菜花状（图 4-2）。

【课程目标】

通过实验观察进一步掌握神经组织的结构特点；掌握神经元和运动终板的结构特点；能正确绘制神经元和运动终板结构图。

【扩展学习】

1. 结合神经元突触联系了解科学用脑与脑力提高的组织学基础。

2. 运动终板与骨骼肌收缩。

作业与思考题

1. 绘制一个高倍镜下的多极神经元。

2. 简述神经元中尼氏体的分布位置。

第 五 章 | 神经系统

神经系统是机体最重要的系统之一，主要由神经组织组成，其基本结构和功能单位是神经元。神经系统分为中枢神经系统和周围神经系统两部分，前者由脑和脊髓组成，后者由神经和神经节组成。在中枢神经系统中，神经元胞体集中的结构在活体状态下颜色较深，称为灰质，主要由神经元的胞体、树突、轴突起始段和胶质细胞组成。中枢神经系统中主要由神经纤维构成的部分在活体状态下颜色发白，称为白质，主要由神经元的轴突及包绕周围的胶质细胞组成，其中无神经元胞体。大脑和小脑的灰质大部分居于浅层，故又称皮质，白质位于皮质的内侧深层，也称髓质；与之相反，脊髓的灰质位于中央，被白质包围。脑干和间脑的灰质分散在白质内形成细胞团，称为神经核。

实验七　神经系统

【实验目的】

显微镜下辨认大脑皮质、小脑皮质和脊髓灰质的高低倍镜下结构特点。

【实验内容】

大脑，小脑，脊髓。

（一）小脑皮质

1. 结构特点

小脑皮质由外向内可明显分为分子层、浦肯野细胞层和颗粒层三层。分子层较厚，主要由浦肯野细胞的树突和大量神经纤维构成。神经元数量较少，主要有两种神经元。一种是星形细胞，其胞体小，数量较多，分布于皮质浅层；另一种是篮细胞，胞体较大，分布于深层。浦肯野细胞层由一层排列整齐、形态相似的浦肯野细胞胞体组成，浦肯野细胞是小脑皮质中最大的神经元。颗粒层由密集的颗粒细胞和一些高尔基细胞组成。颗粒细胞的胞体向四周伸出 4~5 个短树突，末端分支如爪状，形似小球与苔藓纤维的终末形成突触。轴突上行进入分子层呈"T"形分支，与小脑叶片长轴平行，称为平行纤维。

2. 操作与观察

标本：小脑切片。

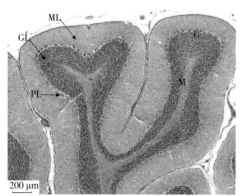

C：皮质，cortex；M：髓质，medulla；ML：分子层，molecular layer；GL：颗粒层，granular layer；PL：浦肯野细胞层，Purkinje cell layer

图 5-1 兔小脑切片（HE 染色）

低倍镜下可见小脑表层的裂隙为小脑沟，小脑沟间的隆起为小脑回。小脑外覆软膜，周边是皮质（灰质），中央是髓质（白质）。切片中染色较深的部分为小脑皮质的颗粒层，颗粒层外侧染色较浅的部分为分子层，分子层和颗粒层中间散在分布一层体积较大的细胞是浦肯野细胞（图 5-1）。

高倍镜下可见小脑皮质由表及里呈现明显的三层结构。分子层位于皮质的最表层，较厚，含大量神经纤维，神经元少而分散，嗜酸性浅染；浦肯野细胞层位于分子层的深层，由浦肯野细胞单层规则排列而成；颗粒层位于皮质的最深层，由大量密集排列的颗粒细胞和一些高尔基细胞构成（图 5-2）。

高倍镜下可见分子层和颗粒层之间有一层散在分布的浦肯野细胞，胞体呈倒梨形，细胞核呈圆形，染色质少，核仁明显（图 5-3）。

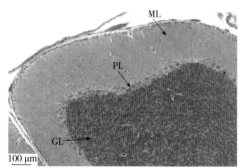

ML：分子层，molecular layer；GL：颗粒层，granular layer；PL：浦肯野细胞层，Purkinje cell layer

图 5-2 兔小脑皮质（HE 染色）

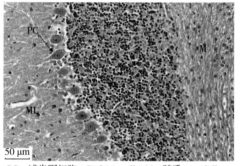

PC：浦肯野细胞；Purkinje cell；M：髓质，medulla；ML：分子层，molecular layer；GL：颗粒层，granular layer

图 5-3 浦肯野细胞（HE 染色）

（二）大脑皮质

1. 主要特点

大脑皮质内神经元数量庞大，种类繁多，均为多极神经元，根据其胞体的形态可分为锥体细胞、颗粒细胞和梭形细胞三大类。这些神经元以分层方式排列，各层细胞间通过突触形成复杂的联系。锥体细胞是大脑皮质中最具特征性的神经元，数量较多。依据其胞体大小不同可分为大、中、小三种不同类型，多数锥体细胞的胞体呈锥体形或三角形、细胞核大而圆，核仁明显。胞体越大，其细胞质内的尼氏体越明显。颗粒细胞是大脑皮质中数量最多的一类神经元，胞体较小，直径为 4 ~ 8 μm，呈多边形或三角形，细胞质少，细胞核着色较深。根据细胞形态及突起走向,可细分为星形细胞、水平细胞、篮细胞、上行轴突细胞等多个亚类,其中以星形细胞数量最多。梭形细胞数量较少,主要分布于皮质深层。胞体呈梭形,其长轴与皮质表面垂直。

哺乳动物大脑皮质的神经元分层排布,但各层之间无明显分界。在尼氏染色或 HE 染色的标本中,根据神经元的大小、形态和排列密度的不同,一般可分为 6 层,由表层至深层依次为分子层、外颗粒层、外锥体层、内颗粒层、内锥体层和多形细胞层。

2. 操作与观察

标本:大脑切片。

低倍镜下可见大脑皮质分层不明显,分子层位于皮质的最浅层,神经元较少,神经纤维较多,着色很浅;外颗粒层由许多星形细胞和少量小锥体细胞构成,细胞小而密集,着色较深。外锥体层细胞排列较外颗粒层稀疏,浅层为小型锥体细胞,深层为中锥体细胞;内颗粒层细胞密集,多数是星形细胞;内锥体层神经元较少,含大、中锥体细胞,且以大锥体细胞为主。多形细胞层位于皮质的最深层,紧靠髓质。细胞排列疏松,形态多样,有梭形、星形、卵圆形等(图 5-4)。

高倍镜下可见内锥体层,神经元较少,含大、中型锥体细胞,且以大锥体细胞为主(图 5-5)。

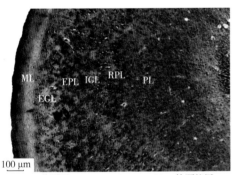

ML:分子层,molecular layer;EGL:外颗粒层,external granular layer;EPL:外锥体细胞层,external pyramidal layer;IGL:内颗粒层,internal granular layer;IPL:内锥体细胞层,internal pyramidal layer;PL:多形细胞层,polymorphic layer

图 5-4 兔大脑切片(硝酸银染色)

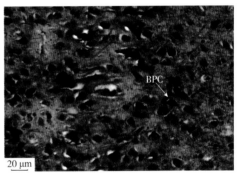

BPC:大锥体细胞,big pyramidal cell

图 5-5 大锥体细胞(硝酸银染色)

(三)脊髓

1. 结构特点

脊髓中央呈蝴蝶形或"H"形的结构为灰质,左右对称,周围是白质。灰质中央为中央管,管腔内表面为室管膜上皮;背角神经元胞体较小,类型复杂,多为中间神经元。腹角神经元胞体大小不等,主要为运动神经元。侧角内为交感神经节的节前神经元,胞体小,为多极神经元。白质主要由神经纤维构成,其间可见少量神经胶质细胞核。

2. 操作与观察

标本：脊髓切片。

低倍镜下可见脊髓中央一管腔为脊髓中央管，中央管周边神经元胞体集中的区域为灰质，呈蝴蝶形或"H"形，左右对称；其余染色较浅区域是白质。两翼背侧窄小处为背角，两翼腹侧宽大处为腹角（图 5-6）。

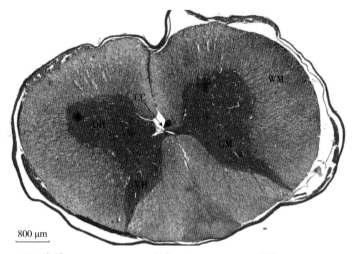

GM：灰质，gray matter；WM：白质，white watter；DH：背角，dorsal horn；
VH：腹角，ventral horn；CC：中央管，central canal

图 5-6　兔脊髓切片（HE 染色）

高倍镜下可见脊髓灰质的神经元多为多极神经元，细胞质内含尼氏体而呈嗜碱性染色。神经元之间还可见神经胶质细胞核及血管等（图 5-7）。

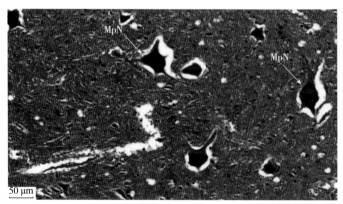

MpN：多极神经元，multipolar neuron

图 5-7　兔脊髓灰质（HE 染色）

【课程目标】

通过实验观察掌握小脑皮质各层的形态结构和主要神经元的功能；了解大脑皮质和脊

髓的组织学结构及主要神经元功能特点；能正确绘制小脑皮质的组织学结构图。

【扩展学习】

　　血脑屏障在临床治疗脑部疾病的药物研发中的意义。

作业与思考题

　　绘制小脑皮质的组织学结构图。

第 六 章 心血管系统

循环系统是一个封闭而连续的分支管道系统，分为心血管系统和淋巴系统两部分。心血管系统包括心脏、动脉、毛细血管和静脉。心脏是推动血液流动的动力器官；动脉和静脉是输送血液的管道；毛细血管是血液与组织、细胞进行物质交换的部位。

血液在心血管内持续流动，把营养物质和氧运送到机体各部的组织细胞，以供其生理活动的需要。与此同时，组织和细胞在生理活动过程中产生的代谢产物和二氧化碳，随时由血液和淋巴输送到排泄器官（主要是肾和肺）排出体外，以保证机体新陈代谢的正常进行。此外，内分泌腺分泌的激素，也靠血液和淋巴运送到全身各组织器官。

实验八 心血管系统

【实验目的】

显微镜下辨认大中小各级动静脉血管的的形态结构特点，重点观察中动脉和中静脉的组织学结构特点。

【实验内容】

中动脉，中静脉，大动脉，大静脉，小动脉，小静脉。

（一）中动脉

1. 结构特点

除主动脉、肺动脉以外凡有名称的动脉都属中动脉，中动脉具有动脉管壁的典型结构。管壁由内向外依次为内膜、中膜和外膜，内膜由内向外依次为内皮、内皮下层和内弹性膜。其中，内弹性膜明显，为内膜和中膜的分界，在血管横切面上，由于血管壁收缩，内弹性膜常呈波纹状。中膜较厚，由 20~40 层平滑肌构成，故又称肌性动脉。在平滑肌之间有少量弹性纤维和胶原纤维。外膜与中膜厚度相近，为疏松结缔组织，内有血管神经，纵行排列的胶原、弹性纤维。中膜与外膜交界处有外弹性膜，但不如内弹性膜清楚。

2. 操作与观察

标本：中动脉切片。

低倍镜下观察中动脉切片，可见中动脉比中静脉管壁厚，且管壁三层结构区分清楚(图6-1)。

低倍镜下可见中动脉内膜很薄，贴近腔面明显可见一层红色呈波浪状的内弹性膜。中膜厚，主要由环行平滑肌组成，其间有少量弹性纤维和胶原纤维。外膜与中膜厚度大致相等，为疏松结缔组织，外膜内有营养血管及神经的断面（图6-2）。

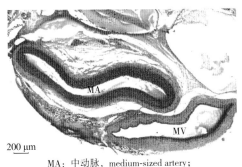

MA：中动脉，medium-sized artery；
MV：中静脉，medium-sized vein

图6-1　中动脉切片（HE 染色）

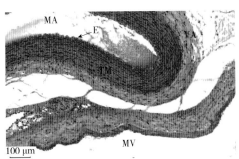

E：内膜，endangium；TM：中膜，tunica media；
VA：外膜，vascular adventitia；MA：中动脉，
medium-sized artery；MV：中静脉，medium-sized vein

图6-2　中动脉和中静脉管壁比较（HE 染色）

高倍镜下可见内膜内皮细胞核扁，略突向腔内，细胞界限不明显。内皮下层为很薄的结缔组织。内膜最外部为一层红色波浪状条带的内弹性膜，较发达，折光性强。中膜很厚，为数层环行平滑肌纤维，平滑肌纤维细胞核呈杆状，有时因平滑肌纤维收缩而使细胞核呈螺旋状扭曲。平滑肌纤维之间夹有少量胶原纤维和弹性纤维。外膜与中膜厚度相近，主要由结缔组织构成，可见营养血管和神经的断面。外膜与中膜交界处为一层波浪状外弹性膜，但不如内弹性膜明显。在外膜的结缔组织中含有纵行排列的胶原纤维、弹性纤维，呈现出不规则形小块或条纹状的断面（图6-3、图6-4）。

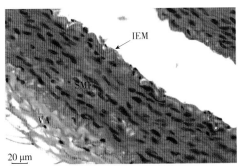

IEM：内弹性膜，internal elastic membrane；
SMF：平滑肌纤维，smooth muscle fiber；
VA：外膜，vascular adventitia

图6-3　中动脉管壁（HE 染色）

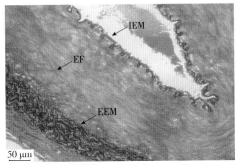

IEM：内弹性膜，internal elastic membrane；
EEM：外弹性膜，external elastic membrane；
EF：弹性纤维，elastic fiber

图6-4　弹性纤维（硝酸银染色）

（二）中静脉

1. 结构特点

除大静脉外，凡解剖学中有名称的静脉均属中静脉。中静脉管径大、管腔不规则、管

壁薄、弹性小，故静脉管壁常塌陷。内、外弹性膜不发达。其内膜由内皮和内皮下层构成，内弹性膜不发达或缺失。中膜比中动脉薄很多，环行平滑肌束常被结缔组织隔开。外膜比中膜厚，由结缔组织构成，无外弹性膜。

2. 操作与观察

标本：中静脉切片。

镜下观察中静脉切片可见其内膜部分很薄，只见内皮细胞核，与中膜界线不清。中膜较薄，主要由几层环行平滑肌组成。外膜较中膜厚，由结缔组织组成，与中膜分界不清（图6-5）。

高倍镜下可见内皮细胞核呈扁圆形突向管腔，内皮下层为少量结缔组织，内弹性膜不发达或缺失。中膜较中动脉薄很多，主要为3~5层环行平滑肌束，常被结缔组织所隔开。外膜较中膜厚，由结缔组织构成，无外弹性膜，近中膜处有时见纵行平滑肌的横断面（图6-6）。

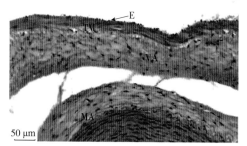

E：内膜，endangium；TM：中膜，tunica media；VA：外膜，vascular adventitia；MA：中动脉，medium-sized artery

图6-5 中静脉切片（HE染色）

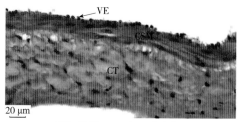

VE：内皮，vascular endothelium；CSM：环行平滑肌，circular smooth muscle；CT：结缔组织，connective tissue

图6-6 中静脉管壁（HE染色）

（三）大动脉

1. 结构特点

因大动脉管壁中富有弹性膜，故又称弹性动脉。其内弹性膜与中膜的弹性纤维相连续，故内膜与中膜无明显分界，而外膜无明显外弹性膜，因此大动脉三层结构分层不明显。

大动脉中膜很厚，主要由40~70层有孔的弹性膜构成。每层弹性膜由弹性纤维相连，其间还有环行平滑肌及少量胶原纤维和弹性纤维。外膜较薄，由结缔组织构成，其中有营养血管、淋巴管和神经等。

2. 操作与观察

标本：大动脉切片。

低倍镜下观察大动脉切片，可见内膜最薄，染色浅，在腔面仅见一层内皮细胞核，内膜与中膜分界不清楚。中膜较厚，可见数层环行弹性膜，呈粉色波浪状条带。外膜较薄、由富含胶原纤维的结缔组织构成，与中膜分界不清（图6-7、图6-8）。

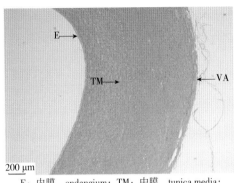

E：内膜，endangium；TM：中膜，tunica media；
VA：外膜，vascular adventitia

图 6-7 大动脉切片（HE 染色）

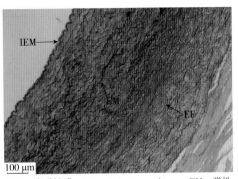

IEM：内弹性膜，internal elastic membrane；EM：弹性
膜，elastic membrane；EF：弹性纤维，elastic fiber

图 6-8 大动脉弹性膜（硝酸银染色）

高倍镜下可见内膜管壁结构与中动脉相同。其中，内皮为单层扁平上皮，内皮细胞核扁，略突向腔内，有时内皮脱落而不完整。内皮下层比中动脉的厚，其中除胶原纤维和弹性纤维外，近中膜处常见纵行平滑肌的横断面。内弹性膜数层，因与中膜弹性膜相连，故内膜与中膜界限不清。中膜最厚，主要由多层环行弹性膜构成，呈粉红色波浪状，折光性强。各层弹性膜由弹性纤维相连，其间夹有环行平滑肌和少量胶原纤维。外膜较薄，由富含胶原纤维的疏松结缔组织构成，外弹性膜不明显，故外膜与中膜界限不清（图 6-9、图 6-10）。

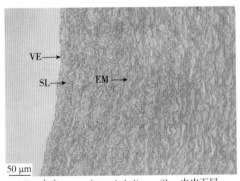

VE：内皮，vascular endothelium；SL：内皮下层，
subendothelial layer；EM：弹性膜，elastic membrane

图 6-9 大动脉管壁（HE 染色）

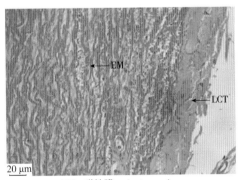

EM：弹性膜，elastic membrane；
LCT：疏松结缔组织，loose connective tissue

图 6-10 大动脉弹性膜（HE 染色）

（四）大静脉

1. 结构特点

大静脉的内膜与中静脉的相似，中膜较薄，由数层疏松排列的环行平滑肌组成。外膜很厚，由结缔组织构成，在近中膜处可见大量纵行的平滑肌束断面。

2. 操作与观察

标本：大静脉切片。

观察大静脉切片，高倍镜下可见大静脉由内向外分为三层。内膜与中静脉相似，最薄，

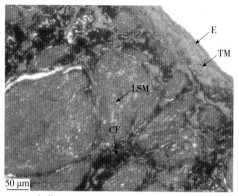

E：内膜，endangium；TM：中膜，tunica media；
CF：胶原纤维，collagenous fiber
LSM：纵行平滑肌，longitudinal smooth muscle

图 6-11　大静脉切片（弹性纤维染色）

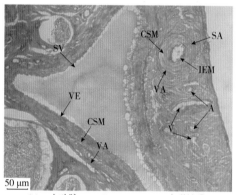

SA：小动脉，small artery；IEM：内弹性膜，
internal elastic membrane；CSM：环行平滑肌，
circular smooth muscle；VA：外膜，vascular
adventitia；SV：小静脉，small vein；VE：内皮，
vascular endothelium；A：微动脉，arteriole；
V：微静脉，venule

图 6-12　小动脉和小静脉切片
（硝酸银染色）

内皮只见其细胞核，内皮下层较薄。中膜较薄，主要由结缔组织组成，含数层疏松排列的环行平滑肌，胶原纤维和弹性纤维。外膜很厚，由结缔组织组成，可见大量纵行的平滑肌（图6-11）。

（五）小动脉和小静脉

1. 结构特点

管径在 1 mm 以下的动脉称为小动脉。其结构与中动脉相似，也属于肌性动脉。随着管径由大变小其内弹性膜由清晰可见到模糊不清；中膜平滑肌的层次逐渐减少；外膜逐渐变薄，一般没有外弹性膜。毛细血管渐变为静脉，最小的小静脉仅由内皮及其周围的薄层结缔组织构成，稍大的小静脉在内皮和结缔组织之间有稀疏的平滑肌。更大些的小静脉平滑肌排列成层，管壁可以分出三层结构。

2. 操作与观察

标本：小动脉和小静脉切片

高倍镜下可见小动脉结构与中动脉相似，内弹性膜较明显；中膜由3~9层平滑肌构成；外膜一般没有外弹性膜。小静脉管壁可以分出三层结构。小静脉内膜只有内皮，中膜有2~4层平滑肌，少许弹性纤维和胶原纤维，外膜较薄，由结缔组织组成（图6-12）。

【课程目标】

通过观察动静脉血管的切片进一步掌握动脉、静脉组织的形态结构特点，比较其结构异同点；能正确绘制中动脉和中静脉的组织结构图。

【扩展学习】

简述血管疾病发生的组织学基础。

作业与思考题

绘制中动脉和中静脉的组织学结构图。

第七章 | 免疫系统

免疫系统主要由淋巴器官和其他器官内的淋巴组织及分布于全身各处的淋巴细胞与抗原呈递细胞等组成。淋巴器官是以淋巴组织为主构成的器官，按其结构和功能不同可分为两类：中枢淋巴器官和周围淋巴器官。中枢淋巴器官是造血干细胞增殖分化成 T、B 淋巴细胞的地方，包括胸腺和骨髓。周围淋巴器官接受和容纳由中枢淋巴器官迁移来的淋巴细胞，是进行免疫应答的场所，包括淋巴结、脾和扁桃体。

实验九 免疫系统

【实验目的】

显微镜下辨认淋巴结、脾和胸腺，并在高倍镜下观察淋巴小结、淋巴索、脾小结和胸腺小叶的结构特点。

【实验内容】

淋巴结，脾，胸腺。

（一）淋巴结

1. 结构特点

淋巴结是产生免疫应答的重要器官之一。淋巴结的表面包有一层致密结缔组织所形成的被膜，它向实质内伸入形成许多小梁，小梁互相连接成网状。淋巴结的实质可分为外周的皮质和中央的髓质。皮质由淋巴小结、副皮质区和皮质淋巴窦构成。髓质由髓索和髓质淋巴窦构成。

2. 操作与观察

标本：淋巴结组织切片。

低倍镜下可见淋巴结表面有致密结缔组织被膜，粉红色索状结缔组织自被膜伸入实质内形成小梁，小梁粗细不等，在切片中呈条形、圆形或分枝状。被膜下方为外周的皮质，浅层可见多个球形淋巴小结。皮质淋巴窦分布于被膜与淋巴组织之间（被膜下窦）和小梁与淋巴组织之间（小梁周窦）。髓质位于淋巴结深部，着色浅，包括髓索和髓窦。髓索在切片中呈蓝紫色，由密集的淋巴组织构成，为粗细不等索状分支，相互连接成网。髓窦位于髓索之间或髓索与小梁之间（图7-1）。

低倍镜下可见淋巴小结中央着色略浅，为生发中心。生发中心内侧部为暗区，主要由大淋巴细胞组成，着色较暗。生发中心外侧部为明区，主要由中淋巴细胞组成。在淋巴小结近被膜一侧，有由密集小淋巴细胞构成的新月形小结帽。副皮质区位于淋巴小结之间以及皮质和髓质交界处的较疏松的弥散淋巴组织，无明显界限（图7-2）。

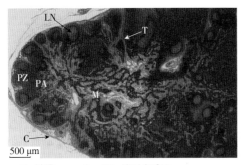

C：被膜，capsule；PZ：浅层皮质区，paracortex
zone；LN：淋巴小结，lymphoid nodule；
PA：副皮质区，paracortical area；
T：小梁，trabeculae；M：髓质，medulla

图7-1　淋巴结组织切片（HE染色）

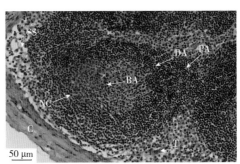

C：被膜，capsule；SS：被膜下窦，subcapsular
sinus；T：小梁，trabeculae；NC：小结帽，
nodule cap；BA：明区，bright area；DA：暗区，
dark area；PA：副皮质区，paracortical area

图7-2　淋巴结皮质（HE染色）

高倍镜下可见皮质淋巴窦窦壁由扁平的内皮细胞包围而成，窦内有散在的网状细胞、巨噬细胞和淋巴细胞。髓索以小淋巴细胞为主，呈索状分支相互连接，周围有扁平的内皮细胞与淋巴窦相邻。髓窦窦壁由扁平的内皮细胞包围而成，窦腔内有散在的星状多突的网状细胞和巨噬细胞。网状细胞细胞核较大，呈圆形或椭圆形，细胞质弱嗜酸性，网状细胞以胞突彼此相连。巨噬细胞体积较大，呈卵圆形，细胞质较宽且嗜酸性较强（图7-3、图7-4）。

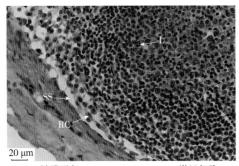

SS：被膜下窦，subcapsular sinus；L：淋巴细胞，
lymphocyte；RC：网状细胞，reticular cell

图7-3　淋巴小结（HE染色）

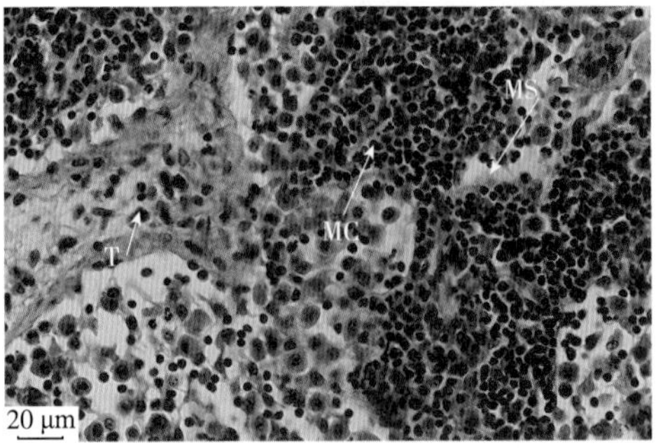

MC：髓索，medullary cord；MS：髓窦，
medullary sinus；T：小梁，trabecula

图7-4　淋巴结髓质（HE染色）

（二）脾

1.结构特点

脾的表面为一层浆膜，其下有一层富含平滑肌纤维和弹性纤维的结缔组织被膜，结缔

组织伸入脾的实质形成许多小梁，小梁相互吻合构成脾的支架。脾的实质可分为白髓、边缘区和红髓。白髓由中央动脉、动脉周围淋巴鞘和脾小结构成，边缘区位于白髓和红髓交界处，红髓位于白髓四周，由脾索和脾窦两部分构成。

2. 操作与观察

标本：脾切片。

观察脾切片，低倍镜下可见脾表面有一层较厚的致密结缔组织被膜，实质中可见到脾小梁。白髓散在分布于实质中，深蓝色，主要由密集淋巴组织围绕中央动脉形成动脉周围淋巴鞘和脾小结两部分组成。切片上可见动脉周围淋巴鞘的断面。脾小结的一侧有中央动脉穿过，呈偏心位。红髓由脾索和脾窦组成，占脾实质的大部分。脾索位于相邻的脾窦之间，主要由网状组织构成，呈分支条索状，与血窦相间排列。脾窦位于脾索之间，相互吻合成网（图 7-5）。

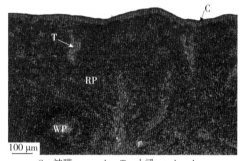

C：被膜，capsule；T：小梁，trabeculae；
RP：红髓，red pulp；WP：白髓，white pulp

图 7-5　脾切片（HE 染色）

白髓高倍镜下可见动脉周围淋巴鞘以密集小淋巴细胞为主，有中央动脉穿行其中。脾小结位于动脉周围淋巴鞘一侧，淋巴细胞较大，密集（图 7-6）。

红髓的脾索位于脾窦之间，由富含血细胞的淋巴组织索构成，呈不规则条索状，互相连接与血窦相间排列，窦腔内有血细胞（图 7-7）。

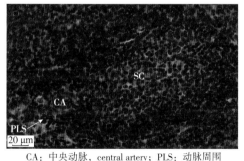

CA：中央动脉，central artery；PLS：动脉周围
淋巴鞘，periarterial lymphatic sheath；
SC：脾小结，splenic corpuscle

图 7-6　脾白髓（HE 染色）

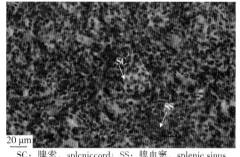

SC：脾索，spleniccord；SS：脾血窦，splenic sinus

图 7-7　脾红髓（HE 染色）

（三）胸腺

1. 结构特点

胸腺是实质性器官，其表面包有结缔组织被膜，结缔组织伸入实质内形成小叶间隔。由于小叶间隔不发达，相邻小叶的髓质相互通连，形成不完全分隔的小叶。小叶周边淋巴

细胞密集，着色较深的区域为皮质，中央着色较浅的区域为髓质。

2. 操作与观察

标本：胸腺切片。

低倍镜下观察胸腺切片可见被膜由结缔组织构成，结缔组织伸入胸腺实质内形成小叶间隔，将胸腺分成许多分隔不完整的小叶。皮质位于小叶的周边，淋巴细胞密集，着色较深，相邻小叶的皮质之间有小叶间隔。髓质位于小叶的中央部位，相邻小叶的髓质彼此相连（图7-8）。

高倍镜下可见胸腺小叶髓质中有胸腺小体，由数层扁平的胸腺小体上皮细胞形成同心圆结构，散在分布于髓质内，大小不一。胸腺小体外层的细胞有细胞核，呈新月状，小体中心的细胞可完全角化，嗜酸性较强（图7-9）。

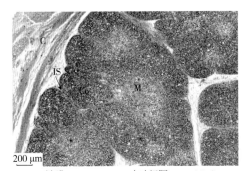

C：被膜，capsule；IS：小叶间隔，interlobular septum；Co：皮质，cortex；M：髓质，medulla

图7-8　胸腺切片（HE染色）

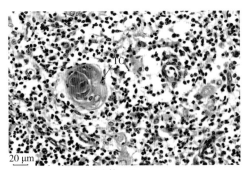

TC：胸腺小体，thymic corpuscle

图7-9　胸腺小体（HE染色）

【课程目标】

通过实验观察进一步掌握免疫器官的结构特点，并了解淋巴器官的显微结构的共同特点；掌握胸腺、淋巴结和脾的结构；能正确绘制淋巴结的组织学结构图。

【扩展学习】

了解单核吞噬系统的概念、组成和功能；了解淋巴结检测在生猪屠宰检疫中的意义。

作业与思考题

绘制淋巴结的组织学结构图。

第 八 章 | 消化系统

消化系统由消化管和消化腺组成。消化管是一条肌性管道，包括口腔、咽、食管、胃、小肠、大肠和肛门，主要功能是摄取、消化食物，吸收营养并排出废物。消化腺包括腮腺、肝、胰、消化管壁内小腺体，其分泌物对食物进行化学性消化，肝和胰还有解毒和内分泌等功能。

消化管各部虽然在形态结构和生理功能上各有特点，但除口腔外，整个消化管壁由内向外一般均可分为黏膜层、黏膜下层、肌层和外膜。黏膜层包括黏膜上皮、固有层和黏膜肌层，黏膜上皮类型因其所在部位和功能的不同而异。黏膜下层由疏松结缔组织构成，含较大血管、淋巴管及黏膜下神经丛。肌层在黏膜下层的外侧，除咽、食管和肛门分布有横纹肌外，其余部分均为平滑肌。外膜为消化管的最外层，分纤维膜和浆膜两种。

实验十 消化管

一、实验目的

显微镜下观察消化管管壁结构特点；辨认食管、胃和小肠；高倍镜下观察食管黏膜上皮、食管腺、胃黏膜层（重点观察上皮和胃底腺）、小肠黏膜层（重点观察上皮和小肠腺）和黏膜下层（观察有无十二指肠腺）的结构特点；观察大肠的结构特点。

二、实验内容

食管，胃，小肠，大肠。

（一）食管

1. 结构特点

食管是连接咽和胃的细长管道，具有消化管的一般结构。食管腔面有纵行皱襞，当食物通过时，管腔扩大，皱襞消失。黏膜上皮为复层扁平上皮，根据动物食性不同可分为角化上皮和非角化上皮两种。黏膜下层由疏松结缔组织构成，除含有血管、神经外，还有黏液性或混合性的食管腺。肌层由横纹肌和平滑肌组成，各种动物食管起始部皆为横纹肌，靠近胃部则逐渐变为平滑肌。颈段食管外膜为纤维膜，胸腔段和腹腔段食管的外膜为浆膜。

2. 操作与观察

标本：食管切片。

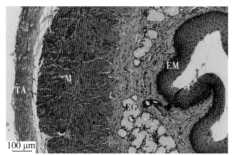

EM：黏膜上皮，epithelium mucosa；TA：浆膜，
tunica adventitia；S：黏膜下层，submucosa；
M：肌层，muscularis；EG：食管腺，esophageal glands

图 8-1　食管切片（HE 染色）

低倍镜下观察食管切片，可见食管壁由黏膜层、黏膜下层、肌层和外膜组成。黏膜上皮为复层扁平上皮，固有层为疏松结缔组织，黏膜肌层为分散的纵行平滑肌束。黏膜肌层下为黏膜下层，由疏松结缔组织构成，可见血管、神经和食管腺。食管腺在不同种动物上分布的位置不同，犬分布在整个黏膜下层。肌层在反刍动物和犬为骨骼肌，其他动物一般前段为骨骼肌，后段为平滑肌，肌层分为内环外纵两层，分层不明显。外膜为纤维膜或浆膜（图 8-1）。

高倍镜下可见食管壁黏膜上皮为复层扁平上皮，表层细胞呈扁平状，中间层细胞呈多边形，基底层细胞较小且数量多。固有层为疏松结缔组织，黏膜肌层为散在的纵行平滑肌束。由疏松结缔组织构成的黏膜下层可见血管、神经和食管腺的断面。食管腺为混合腺（图 8-2、图 8-3）。

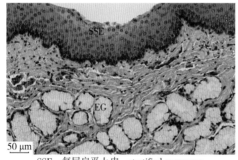

SSE：复层扁平上皮，stratified squamous
epithelium；EG：食管腺，esophageal glands

图 8-2　食管腺（HE 染色）

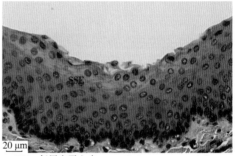

SSE：复层扁平上皮，stratified squamous epithelium

图 8-3　食管黏膜上皮（HE 染色）

（二）胃

1. 结构特点

胃是位于食管和小肠之间的囊状器官，哺乳动物的胃可分为单室胃和多室胃两大类，胃壁具有消化管道的一般结构。胃有腺部黏膜可见许多明显皱襞，固有层的胃底腺由主细胞、壁细胞、颈黏液细胞和内分泌细胞等组成。黏膜肌层由内环外纵两层平滑肌组成。黏膜下层由疏松结缔组织构成，可见血管、神经。肌层由内斜（无腺部）中环和外纵三层平滑肌构成。胃壁最外层为薄层结缔组织和间皮构成的浆膜。

2. 操作与观察

标本：胃切片。

低倍镜下可见胃壁分为黏膜层、黏膜下层、肌层及外膜四层结构。其中，黏膜层分为黏膜上皮、固有层和黏膜肌层三部分。胃的肌层较厚，由内斜中环和外纵三层平滑肌构成。外膜为浆膜（图8-4）。

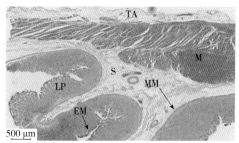

EM：黏膜上皮，epithelium mucosa；LP：固有层，lamina propria；MM：黏膜肌层，muscularis mucosa；S：黏膜下层，submucosa；M：肌层，muscularis；TA：浆膜，tunica adventitia

图 8-4　胃切片（HE 染色）

胃壁黏膜层可见胃黏膜腔面及胃小凹表面均衬以单层柱状上皮，无杯状细胞。固有层见大量紧密排列的胃腺，其中胃底腺分布于胃底及胃体，黏膜肌层明显(图8-5）。

高倍镜下可见壁细胞多位于胃底腺的顶部和体部，细胞较大呈圆形或钝三角形，细胞核呈圆形位于细胞中央，细胞质强嗜酸性。主细胞多位于腺的体部和底部，细胞呈矮柱状或锥形，细胞核圆形靠近细胞基部，细胞质嗜碱性，顶部充满酶原颗粒（图8-6）。

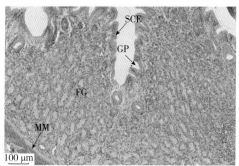

SCE：单层柱状上皮，simple columnar epithelium；GP：胃小凹，gastric pit；FG：胃底腺，fundic gland；MM：黏膜肌层，muscularis mucosa

图 8-5　胃壁黏膜层（HE 染色）

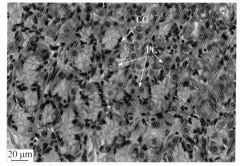

PC：壁细胞，parietal cell；CC：主细胞，chief cell

图 8-6　胃底腺细胞（HE 染色）

（三）小肠

1. 结构特点

小肠是起于幽门止于回盲瓣的弯曲而细长的管道，是食物消化和吸收的重要部位。分为十二指肠、空肠和回肠三段。小肠腔面具有许多环形皱襞和细小的绒毛，皱襞和绒毛大大增加了食物消化和吸收的面积。小肠上皮以单层柱状上皮为主，细胞游离面在光镜下可见纹状缘，杯状细胞散在于柱状细胞之间。固有层内有孤立淋巴小结（十二指肠和空肠）或集合淋巴小结（回肠）。黏膜肌层一般为内环外纵两层平滑肌。黏膜下层由疏松结缔组织构成，十二指肠的黏膜下层含有十二指肠腺。肌层由内环外纵两层平滑肌组成，两肌层间有结缔组织、血管和肌间神经丛等。浆膜较薄，由间皮和疏松结缔组织构成。

2. 操作与观察

标本：十二指肠切片，空肠切片，回肠切片。

低倍镜下可见，十二指肠壁由内向外分为黏膜层、黏膜下层、肌层和外膜四部分。黏膜层上皮细胞深入固有层内形成肠腺，黏膜下层可见大量十二指肠腺，肌层较厚，外膜较薄（图8-7）。

十二指肠绒毛密集，呈叶片状，上皮中杯状细胞少。黏膜下层可见大量十二指肠腺，肌层为内环外纵平滑肌，外膜为浆膜（图8-8）。

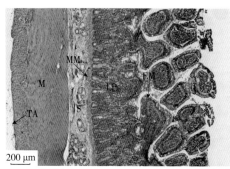

EM：黏膜上皮，epithelium mucosa；LP：固有层，lamina propria；MM：黏膜肌层，muscularis mucosa；S：黏膜下层，submucosa；M：肌层，muscularis；TA：浆膜，tunica adventitia

图 8-7 十二指肠切片（HE 染色）

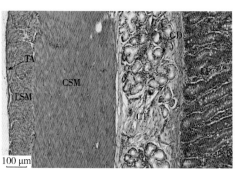

LP：固有层，lamina propria；GD：十二指肠腺，glandulae duodenales；CT：结缔组织，connective tissue；CSM：环行平滑肌，circular smooth muscle；LSM：纵行平滑肌，longitudinal smooth muscle；TA：浆膜，tunica adventitia

图 8-8 十二指肠腺（HE 染色）

低倍镜下可见，空肠由内向外分为黏膜层、黏膜下层、肌层和外膜四部分。绒毛密集，细而长，呈柱状，杯状细胞较十二指肠增多，黏膜下层是疏松结缔组织，肌层较厚，外膜层较薄（图8-9）。

低倍镜下可见，回肠由内向外也分为黏膜层、黏膜下层、肌层和外膜层四部分。固有层、黏膜下层内有孤立淋巴小结和集合淋巴小结（图8-10）。

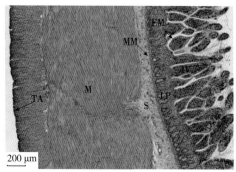

IV：小肠绒毛，intestinal villus；EM：黏膜上皮，epithelium mucosa；LP：固有层，lamina propria；MM：黏膜肌层，muscularis mucosa；S：黏膜下层，submucosa；M：肌层，muscularis；TA：浆膜，tunica adventitia

图 8-9 空肠切片（HE 染色）

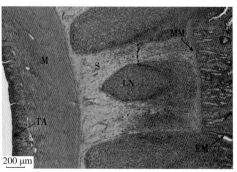

EM：黏膜上皮，epithelium mucosa；LP：固有层，lamina propria；MM：黏膜肌层，muscularis mucosa；S：黏膜下层，submucosa；LN：淋巴小结，lymphoid nodule；M：肌层，muscularis；TA：浆膜，tunica adventitia

图 8-10 回肠切片（HE 染色）

（四）大肠

1. 结构特点

大肠包括盲肠、结肠和直肠三部分，其主要功能是吸收水分、无机盐类以及进行纤维素的发酵和分解。大肠结构基本与小肠相似，但大肠没有绒毛和环形皱襞，黏膜上皮中杯状细胞较多，大肠腺比较发达。孤立淋巴小结多，肌层特别发达。

2. 操作与观察

标本：大肠（结肠）切片。

低倍镜下观察结肠切片可见结肠壁结构与小肠基本相似。大肠黏膜表面较平坦，无肠绒毛，上皮中杯状细胞数量多，大肠腺排列很密，能分泌大量碱性黏液，固有层内含淋巴组织。黏膜下层含有较多的脂肪组织，肌层发达（图 8-11）。

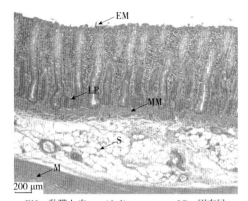

EM：黏膜上皮，epithelium mucosa；LP：固有层，lamina propria；MM：黏膜肌层，muscularis mucosa；S：黏膜下层，submucosa；M：肌层，muscularis

图 8-11　大肠（结肠）切片（HE 染色）

【课程目标】

通过观察切片进一步掌握消化管壁的一般结构；掌握胃黏膜的结构和功能；掌握小肠黏膜的结构及其功能；掌握小肠三段之间组织学结构的差异；能正确绘制胃壁和小肠壁的组织学结构图。

【扩展学习】

了解诺贝尔医学奖获得者马歇尔、沃伦发现幽门螺旋杆菌致病的故事，学习为科学献身的精神。

作业与思考题

绘制胃黏膜层和小肠的组织学结构图。

实验十一　消化腺

【实验目的】

显微镜下辨认肝和胰腺；高倍镜下观察肝小叶及门管区的组织结构特点和胰腺的内分泌部（胰岛）和外分泌部的组织结构特点。

【实验内容】

肝，胰腺。

（一）肝

1. 结构特点

肝是动物体内最大的消化腺，能产生和分泌胆汁，经胆管输入十二指肠，促进脂肪的分解与吸收。肝表面大部分被覆一层浆膜，其下为富含弹性纤维的致密结缔组织层，结缔组织向肝实质内延伸，将肝分隔成许多肝小叶，肝小叶之间的结缔组织称为小叶间结缔组织，为肝内部支架。

肝小叶是肝的基本结构单位，呈多面形的棱柱体。不同动物由于小叶间结缔组织发达程度不一，因此肝小叶分界程度情况不同。每个肝小叶的中央沿长轴都贯穿一条中央静脉，肝细胞呈索状（称为肝细胞索）排列，以中央静脉为轴心呈放射状构成板状结构，称为肝板。肝细胞体积较大，呈多边形，细胞核大而圆，着色浅，有时候镜下可见内含两个细胞核的肝细胞存在。

肝细胞索之间的间隙称为窦状隙。窦状隙不规则，通过肝板上的孔彼此沟通成网状。血液由肝小叶边缘经窦状隙汇入中央静脉。肝血窦内可观察到体积较大的星形枯否细胞及少量的血细胞。

电镜下可观察到在肝血窦内皮与肝细胞之间有窄的间隙，称为狄氏间隙。肝细胞的细胞膜向狄氏间隙中伸出许多发达的微绒毛，以利于肝细胞和血液间进行充分的物质交换。

相邻肝细胞膜凹陷间的裂隙构成的微细管道称为胆小管。胆小管以盲端起始于中央静脉周围的肝细胞索内，向肝小叶周围呈放射状排列，并互相吻合成网。胆小管在肝小叶边缘与小叶内胆管连接。

2. 操作与观察

标本：肝切片。

低倍镜下观察肝切片可见肝的表面覆盖一层结缔组织被膜，结缔组织伸入肝实质，将其分为若干个肝小叶，小叶间的结缔组织称为小叶间结缔组织。每个肝小叶中央有一个中央静脉。相邻几个肝小叶之间的结缔组织内有门管区（汇管区）的存在，可见小叶间动脉、小叶间静脉和小叶间胆管。小叶间静脉的管径最大，管腔不规则，管壁薄，仅由一层内皮和薄层结缔组织构成。小叶间动脉管径最小，管壁厚，由内皮和数层环形平滑肌纤维构成。小叶间胆管的管壁由单层立方上皮构成（图 8-12、图 8-13）。

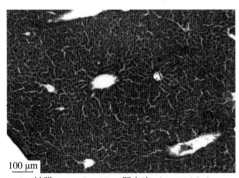

C：被膜，capsule；HL：肝小叶，hepatic lobule；
CV：中央静脉，central vein；PA：门管区，portal aarea

图 8-12　肝切片（HE 染色）

高倍镜下观察门管区可见小叶间动脉、小叶

间静脉和小叶间胆管（图 8-13）。

高倍镜下观察肝小叶可见中央静脉位于肝小叶的中央，肝细胞体积较大，细胞核大而圆，着色浅。肝细胞呈索状排列，以中央静脉为轴心呈放射状。同时，在肝血窦内可观察到体积较大的星形枯否细胞（图 8-14）。

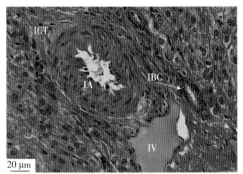

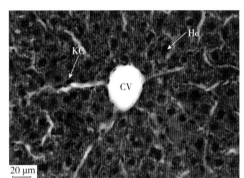

IV：小叶间静脉，interlobular vein；IA：小叶间动脉，interlobular artery；IBC：小叶间胆管，interlobular biliary canals；ICT：小叶间结缔组织，interlobular connective tissue

图 8-13 门管区（HE 染色）

CV：中央静脉，central vein；Hc：肝细胞，hepatocyte；KC：枯否细胞，Kuffer cell

图 8-14 肝小叶（HE 染色）

（二）胰

1. 结构特点

胰表面包有少量的结缔组织，因此其被膜不明显，结缔组织伸入实质内，将腺体分为不明显的小叶，叶间结缔组织内有血管、淋巴管、神经和排泄导管。胰的实质分为外分泌部和内分泌部两部分。

外分泌部分泌胰液，为复管泡状腺，分腺泡和导管两部分。腺泡呈球状或管状，腺腔小。腺细胞呈锥体形，细胞核大而圆，细胞质顶部内含有许多嗜酸性颗粒，HE 染色紫红色，内含酶原颗粒，细胞基底部有许多纵行排列的线粒体，还可见丰富的粗面内质网和大量的核蛋白体，是分泌物合成的部位，呈嗜碱性，染成蓝紫色。成熟的酶原颗粒排入腺腔内。导管输送胰液至十二指肠，可分为闰管、小叶内导管、小叶间导管、胰管。管壁由单层上皮构成，上皮细胞在闰管为扁平状，随着管径的渐逐增大而变为高柱状。

内分泌部为分布在外分泌部之间的细胞团，也称胰岛。HE 染色切片中染色浅，胰岛细胞排列成索状，吻合成网，内含丰富的毛细血管。胰岛有几种内含特殊颗粒的细胞，包括 A 细胞（α 细胞）、B 细胞（β 细胞）、D 细胞（δ 细胞）和 PP 细胞。其中，A 细胞分泌胰高血糖素，B 细胞分泌胰岛素，共同调节血糖代谢。

2. 操作与观察

标本：胰腺切片。

低倍镜下观察可见胰腺可分为外分泌部和内分泌部。着色较浅的细胞团组成的内分泌部，即胰岛。外周有很多浆液性腺泡细胞构成的外分泌部（图 8-15）。

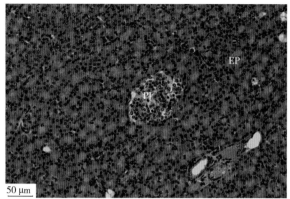

PI：胰岛，pancreatic islet；EP：外分泌部，exocrine part

图 8-15　胰腺切片（HE 染色）

高倍镜下可见胰腺腺泡属于浆液腺，由单层锥形细胞构成，细胞着色深，细胞核圆形；胰岛细胞排列成索状，吻合成网，内含丰富的毛细血管（图 8-16）。

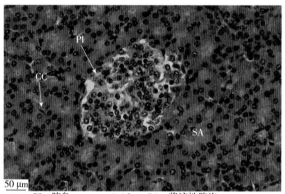

PI：胰岛，pancreatic islet；SA：浆液性腺泡，serous acinus；CC：泡心细胞，centroacinar cell

图 8-16　胰岛（HE 染色）

【课程目标】

通过实验观察能详细描述肝小叶的组织学结构和各部分的功能；能说出胰的内分泌部和外分泌部的组织学结构和功能；能正确绘制肝小叶和门管区的组织学结构图。

【扩展学习】

了解饮酒造成酒精肝的组织学基础，体会量变到质变的科学思维。

作业与思考题

绘制肝小叶和门管区的组织学结构图。

第九章 呼吸系统

呼吸系统由呼吸道和肺组成，其主要功能是进行气体交换。呼吸道包括鼻、咽、喉、气管和支气管，是输送气体的通道，并具有净化、温暖和湿润吸入空气的作用。

实验十二　呼吸系统

【实验目的】

显微镜下辨认肺和气管的组织学结构，重点辨认肺的呼吸部和导气部不同管状结构。

【实验内容】

气管，肺。

（一）气管

1. 结构特点

气管和主支气管为肺外的气体通道，其管壁一般可分为三层，由内向外依次为黏膜层、黏膜下层和外膜。黏膜层由上皮和固有层两部分组成。上皮为假复层纤毛柱状上皮，由纤毛细胞、杯状细胞、基细胞、刷细胞和弥散神经内分泌细胞（小颗粒细胞）构成，可分泌黏液随纤毛细胞摆动排出异物。固有层为疏松结缔组织，与上皮间有明显的基膜，内含较多弹性纤维、弥散淋巴组织和浆细胞等，具有局部免疫功能。黏膜下层为疏松结缔组织，与固有层和外膜无明显分界，含气管腺（混合腺），分泌物使黏膜表面湿润，并具有抑菌作用（溶菌酶）。外膜最厚，由透明软骨环和致密结缔组织构成，又称软骨纤维膜。软骨呈"C"字形，构成气管的支架，其缺口处有平滑肌束。

2. 操作与观察

标本：气管切片。

低倍镜下观察气管切片，可见气管的管壁由内向外可分为黏膜层、黏膜下层和由透明软骨组成的外膜（图9-1）。

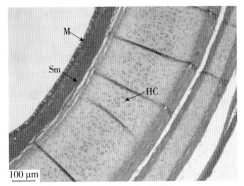

M：黏膜层，mucosal；Sm：黏膜下层，submucosa；
HC：透明软骨，hyaline cartilage

图9-1　气管切片（HE染色）

高倍镜下可见黏膜上皮为假复层纤毛柱状上皮，上皮的腔面有较长的纤毛，上皮间含有许多杯状细胞。黏膜下层为结缔组织，内含有气管腺和较大的血管。外膜为透明软骨，可见明显的软骨细胞（图9-2、图9-3）。

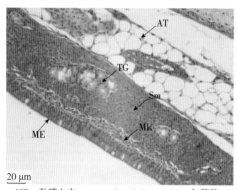

ME：黏膜上皮，mucosal epithelium；TG：气管腺，tracheal gland；ML：黏膜固有层，mucosal lamina propria；Sm：黏膜下层，submucosa；AT：脂肪组织，adipose tissue

图9-2　气管组织切片（HE染色）

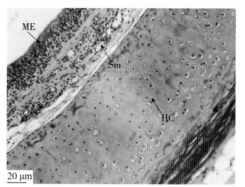

ME：黏膜上皮，mucosal epithelium；Sm：黏膜下层，submucosa；HC：透明软骨，hyaline cartilage

图9-3　气管外膜（马松染色）

（二）肺

1. 结构特点

肺由实质与间质构成。实质为肺内支气管树及肺泡；肺内的结缔组织及其中的血管、淋巴管和神经构成肺的间质。肺实质按其功能分为导气部和呼吸部。导气部包括小支气管、细支气管、终末细支气管；呼吸部包括呼吸性细支气管、肺泡管、肺泡囊和肺泡。

导气部：各级小支气管、细支气管、终末细支气管管壁结构与支气管相似，由黏膜层、黏膜下层和外膜构成。导管部管壁各层结构随管径变细而逐渐变薄。各级小支气管内固有层外侧平滑肌逐渐增多，黏膜出现皱襞，软骨变成条片状，并逐渐减少。细支气管黏膜上皮过渡为单层柱状纤毛上皮，腺体和软骨减少消失，平滑肌增多，黏膜皱襞明显。终末细支气管上皮为单层柱状纤毛上皮，其腺体和软骨消失，平滑肌形成完整的一层。

呼吸部：呼吸性细支气管很短，管壁上有肺泡的开口，上皮逐渐由起始段的单层纤毛柱状上皮过渡为单层柱状上皮或立方上皮，在肺泡的开口处移行为单层扁平上皮，管壁内仅有弹性纤维和分散的平滑肌纤维。每个呼吸性细支气管分出2~3条肺泡管，肺泡管的管壁上有许多肺泡的开口，因此切片上观察管壁不完整。肺泡囊是数个肺泡共同开口而围成的囊状结构，与肺泡管相延续，上皮已全部变为肺泡上皮，平滑肌已经完全消失。肺泡为半球状或多面形的薄壁囊泡，开口于肺泡囊、肺泡管和呼吸性细支气管。肺泡壁极薄，由肺泡上皮和基膜组成。肺泡上皮包括两类细胞，Ⅰ型肺泡细胞（扁平细胞）和Ⅱ型肺泡细胞（分泌细胞），其中Ⅰ型肺泡细胞数量少，但覆盖肺泡表面。细胞极薄，细胞核大略突出于胞腔表面。Ⅱ型肺泡细胞数量较多，细胞呈立方形或圆形，位于扁平细胞之间。

2. 操作与观察

标本：肺切片。

低倍镜下观察可见肺实质组织内有管腔大小不等的导管切面和大量的囊泡状肺泡。可根据管腔的结构区分肺内各级导管。终末细支气管平滑肌形成完整的一层。呼吸性细支气管管壁上有肺泡的开口（图9-4）。

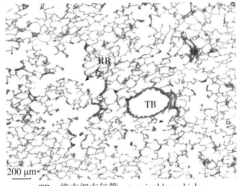

TB：终末细支气管，terminal bronchiole；
RB：呼吸性细支气管，respiratory bronchiole

图9-4　肺切片（HE 染色）

高倍镜下可清晰地区分终末细支气管、呼吸性细支气管、肺泡管和肺泡囊的结构。终末细支气管腺体和软骨消失，平滑肌形成完整的一层。呼吸性细支气管管壁上有肺泡的开口。肺泡管的相邻肺泡边缘部形成膨大，肺泡囊上皮已全部变为肺泡上皮，肺泡边缘部不形成结节状膨大（图9-5）。

高倍镜下可清晰地看到肺泡上皮的两类细胞——Ⅰ型肺泡细胞（扁平细胞）和Ⅱ型肺泡细胞（分泌细胞）。其中，Ⅰ型肺泡细胞数量少，但覆盖肺泡表面。细胞极薄，细胞核大略突出于胞腔表面。Ⅱ型肺泡细胞数量较多，细胞呈立方形或圆形，位于扁平细胞之间。同时可见肺泡巨噬细胞游走在肺泡腔内（图9-6）。

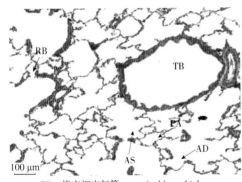

TB：终末细支气管，terminal bronchiole；
RB：呼吸性细支气管，respiratory bronchiole；
AD：肺泡管，alveolar duct；AS：肺泡囊，
alveolar sac；PA：肺泡，pulmonary alveoli

图9-5　终末细支气管（HE 染色）

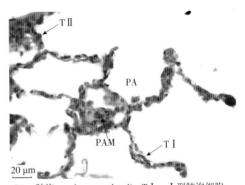

PA：肺泡，pulmonary alveoli；TⅠ：Ⅰ型肺泡细胞，
type Ⅰ alveolar cell；TⅡ：Ⅱ型肺泡细胞，type Ⅱ alveolar
cell；PAM：肺泡巨噬细胞/尘细胞，
pulmonary alveolar macrophage/dust cell

图9-6　肺泡（HE 染色）

【课程目标】

通过实验观察能准确阐述小支气管到肺泡管的组织学结构的变化趋势及其与功能的联系；掌握肺泡Ⅰ型上皮细胞和Ⅱ型上皮细胞的结构特点及功能；能正确绘制肺的组织学结构图。

【扩展学习】

气血屏障的生理学意义；呼吸道疾病防御的组织学基础。

作业与思考题

绘制肺的组织学结构图。

第 十 章 | 泌尿系统

泌尿系统由肾、输尿管、膀胱和尿道组成，其主要功能是排泄、调节水、电解质和酸碱平衡，并分泌生物活性物质。

实验十三　泌尿系统

【实验目的】

显微镜下辨认肾低倍镜下的组织学结构，辨认肾皮质部高倍镜下肾小球、肾小囊、远曲小管和近曲小管的结构特点，辨认膀胱高低倍镜下结构。

【实验内容】

肾，膀胱。

（一）肾

1. 结构特点

各种动物肾的形态虽不同，但结构上均由被膜和实质两部分组成。被膜为结缔组织膜，实质分为皮质和髓质两部分。肾髓质由许多直行的小管组成，呈放射状，并伸入皮质构成髓放线。在髓放线之间的皮质称为皮质迷路，主要由肾小管、肾小体等构成。

肾单位是肾的结构和功能单位，由肾小体和肾小管组成。根据肾小体在皮质中分布的部位可分为皮质肾单位和髓旁肾单位。皮质肾单位又称浅表肾单位，其肾小体分布在皮质的浅层，髓袢短，刚刚伸达髓质内。髓旁肾单位的肾小体位于皮质深部近髓质处，其肾小体体积较大，髓袢长，细段也较长，对尿的浓缩具有重要的生理学意义。肾小体是肾单位的起始部，位于皮质迷路内，呈球形或卵圆形，由血管球和肾小囊组成。肾小体的一侧是血管进出处，称为血管极；其对侧为尿极，是肾小囊连接近端小管处。血管球是一团盘曲的有孔毛细血管形成。入球微动脉从血管极进入肾小体，先分成数支，每支再分成许多毛细血管，并盘曲成团状结构。毛细血管先汇合成数支小动脉，最后汇合成一条出球微动脉出肾小体。肾小囊是肾小管起始部膨大的双层漏斗状囊，分壁层和脏层，之间为肾小囊腔。壁层由一层单层扁平细胞构成。脏层由一层扁平但多突起的足细胞构成，它与血管球毛细血管的基膜紧贴。足细胞先伸出几个初级突起，再发出一些次级突起，形成栅栏状结构，突起之间有一窄的裂隙，足细胞具有重要的过滤作用。肾小管是由单层上皮围成的小管，包括近端小管、细段和远端小管。

集合小管分为弓形集合小管、直集合小管和乳头管三段，三段之间并无明显的分界。起始端与远端小管曲部相连，上皮由立方形逐渐过渡为柱状，细胞界限清晰，乳头管过渡为复层柱状上皮。集合小管主要功能是进一步浓缩尿液。

肾小球旁器（球旁复合体）是指位于肾小体血管极附近的特殊结构的总称，包括球旁细胞、致密斑、球外系膜细胞、极周细胞。肾小球旁器主要功能是合成分泌肾素。球旁细胞是入球小动脉近血管极处，由中膜平滑肌细胞特化而成的上皮样细胞。细胞呈立方形，细胞核圆居中，细胞质弱嗜碱性，细胞质内有分泌颗粒，颗粒含有肾素。致密斑是远曲小管近血管极一侧的管壁上皮细胞特化而成的椭圆形隆起，该处细胞变高变窄，细胞核聚集呈致密区。一般认为致密斑是一个化学感受器，可感受肾小管内滤液中钠离子的浓度变化，调节球旁细胞中肾素的分泌。球外系膜细胞也称极垫细胞，位于入球小动脉、出球小动脉和致密斑之间的三角形区域内。极周细胞位于肾小囊脏层和壁层上皮移行处，呈套袖样包绕着血管极。

2. 操作与观察

标本：肾切片。

低倍镜下观察肾切片可见包裹在外侧的被膜，被膜下方是实质，实质可分为肾皮质和肾髓质，皮质大部分位于肾的外周，内含肾小体。髓质位于皮质深部（图 10-1）。

肾皮质低倍镜下可见许多圆球状的肾小体和周围的肾小管切面（图 10-2）。

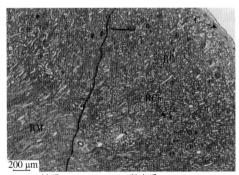 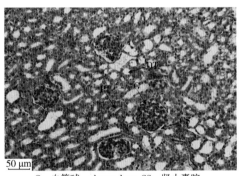

C：被膜，capsule；RC：肾皮质，renal cortex；RM：肾髓质，renal medulla；RCo：肾小体，renal corpuscle

G：血管球，glomerulus；CS：肾小囊腔，capsular space；PT：近端小管，proximal tubule；DT：远端小管，distal tubule

图 10-1　肾切片（HE 染色）　　　　图 10-2　肾皮质（HE 染色）

高倍镜下可见肾小体呈圆球状，中央是血管球，外层包裹着肾小囊。血管球的外面是空隙状的肾小囊囊腔。同时可见肾小体周围的肾小管结构。其中，近端小管管径较粗，管腔不规则，上皮呈锥状或立方形，细胞界限不清，游离缘有刷状缘。细胞质呈嗜酸性，细胞核大而圆，着色淡，位于细胞基部。远端小管管径细，管腔大而明显。上皮细胞为单层立方上皮，细胞界限清晰，排列紧密，细胞着色浅，细胞核呈圆形位于近腔面（图 10-3）。

（二）膀胱

1. 结构特点

膀胱是一个储尿器官，由内向外依次为：黏膜层、肌层和外膜。黏膜层分为黏膜上皮、固有层和黏膜肌层。膀胱黏膜形成许多不规则的皱襞。黏膜上皮为变移上皮，其厚度会根据动物的种类和膀胱的膨胀程度不同而异。固有层由富含弹性纤维的疏松结缔组织构成，有淋巴小结分布。黏膜肌层因物种不同而异。马的比较发达，反刍动物、犬和猪的特别薄。肌层十分发达，可分为内纵中环和外纵三层。中环层最厚，在膀胱颈部形成括约肌。外膜随部位不同而异，膀胱体和膀胱顶为浆膜，膀胱颈为疏松结缔组织所构成的外膜。

2. 操作与观察

标本：膀胱切片。

低倍镜下可见膀胱明显的三层结构，即黏膜层、肌层和外膜。其中，肌层最厚。黏膜上皮为变移上皮，可随膀胱的膨胀程度不同其厚度发生变化，变移上皮是辨认膀胱的最主要结构特点（图 10-4）。

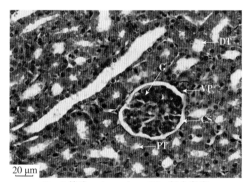

G：血管球，glomerulus；CS：肾小囊腔，capsular space，VP：血管极，vascular pole；PT：近端小管，proximal tubule；DT：远端小管，distal tubule

图 10-3　肾小体（HE 染色）

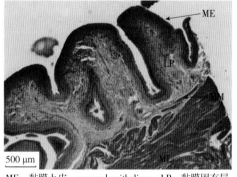

ME：黏膜上皮，mucosal epithelium；LP：黏膜固有层，lamina propria；MM：黏膜肌层，muscularis mucosae；ML：肌层，muscular layer

图 10-4　膀胱切片（HE 染色）

【课程目标】

通过实验观察能详细阐述肾单位的组织学结构及其功能，能正确绘制肾单位的组织学结构图。

【扩展学习】

了解尿毒症发生的组织学基础，探讨肾移植的医学伦理。

作业与思考题

绘制肾单位组织学结构图。

第十一章 | 生殖系统

生殖系统是由雄性生殖系统和雌性生殖系统组成。雄性生殖系统包括睾丸、附睾、输精管和副性腺，其主要功能是产生精子和分泌雄性激素。雌性生殖系统包括卵巢、输卵管、子宫和阴道等，其主要功能是产生卵子和分泌雌性激素。

实验十四　雄性生殖系统

【实验目的】

显微镜下辨认睾丸在高、低倍镜下的组织结构，重点观察曲精小管断面不同生精细胞的结构特点，辨认附睾管和输出小管。

【实验内容】

睾丸，附睾。

（一）睾丸

1. 结构特点

睾丸被膜的浅层为浆膜，深层为致密结缔组织构成的白膜。实质部有大量形状不规则的曲精小管，由特殊的复层上皮构成，管腔内分布有不同发育时期的生精细胞。上皮外面有一层红色的基膜，基膜周围有一层肌样细胞。曲精小管管壁可观察到各级生精细胞和支持细胞。除精子外，各级生精细胞均为球形，细胞核大，细胞质少。①精原细胞：紧贴基膜，有1层，细胞较小，细胞核呈圆形或椭圆形，着色深。②初级精母细胞：有2~3层，位于精原细胞内层，细胞体积较大，细胞核内染色体呈丝状或密集的染色体，它经过减数分裂形成次级精母细胞。③次级精母细胞：位于初级精母细胞内侧，细胞体积比初级精母细胞小，细胞质着色浅，细胞核圆形，次级精母细胞很快进行第二次成熟分裂，在切片上不易找到。④精子细胞：位于管腔内侧，由次级精母细胞分裂而来，体积小，细胞核呈圆形，着色较深，精子细胞数量很多。⑤精子：呈蝌蚪状，靠近管腔中央，有一些精子游离在管腔中，有一些精子的头部插入支持细胞顶部或两侧面，尾部朝向管腔。⑥支持细胞：数量少，着色浅，呈锥状，底部宽大附于基膜上，顶部直达管腔，细胞轮廓不清晰，细胞核位于基部，着色浅，不规则，呈圆形、椭圆形或三角形，核仁明显。睾丸小叶内生精小管之间的疏松结缔组织是睾丸的间质，睾丸间质内可见成群的圆形或椭圆形细胞，为睾丸间质细胞。

2. 操作与观察

标本：猪睾丸切片。

低倍镜下观察猪睾丸切片可见实质内有大量曲精小管，由特殊的复层上皮细胞构成，主要是不同发育时期的生精细胞和支持细胞，曲精小管之间的疏松结缔组织是睾丸的间质（图 11-1）。

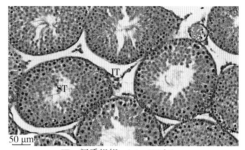

IT：间质组织，interstitial tissue；
ST：曲精小管，seminiferous tubule

图 11-1 猪睾丸切片（HE 染色）

高倍镜下观察猪睾丸切片可见睾丸间质内成群的圆形或椭圆形细胞，体积较结缔组织细胞大，为睾丸间质细胞；细胞核大而圆，居中，着色淡，细胞质嗜酸性。曲精小管基膜外可见一层肌样细胞（图 11-2）。

曲精小管管壁紧贴基膜的是一层精原细胞，精原细胞内侧是 2~3 层初级精母细胞，体积最大，细胞核染色质呈丝状；靠近腔面有数层精子细胞，体积较小；精子头部嗜碱性，在腔面，尾部在管腔内，蝌蚪状，嗜酸性（图 11-3）。

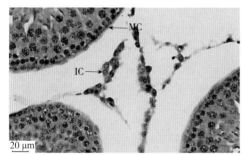

MC：肌样细胞，myoid cell；IC：睾丸
间质细胞，interstitial cell

图 11-2 睾丸间质（HE 染色）

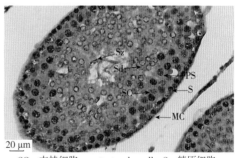

SC：支持细胞，sustentacular cell；S：精原细胞，
spermatogonium；PS：初级精母细胞，primary
spermatocyte；Sd：精子细胞，spermatid；Sz：精子，
spermatozoon；MC：肌样细胞，myoid cell

图 11-3 曲精小管（HE 染色）

（二）附睾

1. 结构特点

附睾头部主要由睾丸输出小管组成，附睾体部和尾部主要由附睾管组成。睾丸输出小管位于附睾头内，自睾丸网延续而来，起始段直而细。数条睾丸输出小管在附睾头处汇入一条附睾管。各种家畜睾丸输出小管数目不尽相同。睾丸输出小管上皮由高柱状纤毛细胞和低柱状无纤毛细胞单层交替排列而成，反刍动物有时可见复层排列。附睾管上皮为假复层纤毛柱状上皮，较厚，由主细胞和基细胞组成。主细胞在附睾管起始段为高柱状，而后逐渐变低，至末端变为立方形。细胞表面有成簇排列的粗而细长的静纤毛。基细胞矮小，

呈锥形，位于上皮深层。附睾的上皮基膜外侧有薄层平滑肌。

2.操作与观察

标本：牛附睾切片。

低倍镜下观察牛附睾切片可见大量输出小管，管腔不规则，上皮为单层纤毛柱状上皮（图11-4）。

高倍镜下可见牛附睾管上皮为假复层纤毛柱状上皮，细胞底部均附着于基膜，由于细胞核不在同一平面上，从侧面看像复层，实际为单层。其柱状细胞呈高柱状，细胞核大，呈卵圆形，游离面有纤毛。附睾管的上皮基膜外侧有薄层平滑肌围绕，管壁外为富含血管的疏松结缔组织（图11-5）。

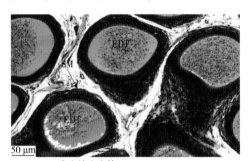
EDT：睾丸输出小管，efferent ductules of testis；
SM：平滑肌，smooth muscle

图11-4　牛附睾切片（HE染色）

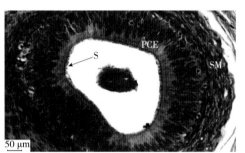
S：静纤毛，stereocilium；SM：平滑肌，
smooth muscle；PCE：假复层纤毛柱状上皮，
pseudostratified columnar epithelium

图11-5　牛附睾管（HE染色）

【课程目标】

通过实验观察进一步掌握睾丸的组织学结构与功能的关系；了解附睾的组织学结构；能正确绘制睾丸的组织学结构图。

【扩展学习】

了解人工受精在畜牧生产中的意义。

作业与思考题

绘制高倍镜下睾丸曲细精管的组织学结构图。

实验十五　雌性生殖系统

【实验目的】

显微镜下辨认卵巢和子宫在高、低倍镜下的组织学结构，重点观察不同发育阶段的卵泡结构特点。

【实验内容】

卵巢，子宫。

（一）卵巢

1. 结构特点

卵巢的结构依动物的种类、年龄、生殖周期的阶段而有所不同。卵巢分为被膜、实质两部分。实质部由皮质和髓质构成。卵巢的被膜除卵巢系膜附着部以外，均被覆一层生殖上皮，生殖上皮细胞在幼年及成年动物多呈立方或柱状，而在老龄动物则变为扁平，上皮的内侧是结缔组织构成的白膜。大多数动物皮质位于白膜的内侧，由不同发育阶段的卵泡、黄体、白体和闭锁卵泡组成；卵泡是由中央的一个初级卵母细胞与周围的卵泡细胞组成的一个球状结构。卵泡的发育是一个连续过程，无严格的阶段区分。根据卵泡发育特点，人为地把卵泡分为原始卵泡、生长卵泡和成熟卵泡三个阶段。其中，生长卵泡分为初级卵泡和次级卵泡两个阶段。髓质位于中央，由疏松结缔组织构成，弹性纤维丰富，其中有许多大的血管、神经及淋巴管。成年马卵巢的皮质与髓质的位置颠倒，即皮质在内部，髓质在外周，卵巢表面大部分覆盖的是浆膜，只有一小部分是生殖上皮，此处称为排卵窝。

2. 操作与观察

标本：兔卵巢切片，猫卵巢切片。

低倍镜下观察可见卵巢表面是卵巢被膜。皮质部可看到不同发育阶段的卵泡，髓质部由疏松结缔组织组成，与皮质界限不明显，含有丰富的血管、淋巴管和神经（图 11-6）。

低倍镜下可见卵巢表面有一层扁平生殖上皮，上皮下层为薄层的致密结缔组织，构成白膜。皮质中含有大量处于不同发育阶段的卵泡。原始卵泡位于皮质浅层，数量很多，排列成层或成群，体积小，由中央的一个初级卵母细胞和周围一层扁平卵泡细胞组成，初级卵母细胞较大，细胞核大而圆。初级卵泡位于原始卵泡深层，由中央的初级卵母细胞和周围的单层或多层的卵细胞组成，已形成透明带（图 11-7）。

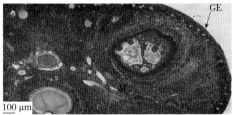

C：皮质，cortex；M：髓质，medulla；
GE：生殖上皮，germinal epithelium

图 11-6　兔卵巢切片（HE 染色）

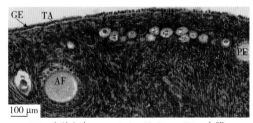

GE：生殖上皮，germinal epithelium；TA：白膜，
tunica albuginea；PdF：原始卵泡，primordial follicle；
PF：初级卵泡，primary follicle；
AF：闭锁卵泡，atretic follicle

图 11-7　猫卵巢切片（HE 染色）

次级卵泡出现卵泡腔，腔内充满卵泡液。初级卵母细胞、透明带、放射冠及部分卵泡细胞突入卵泡腔内形成卵丘。卵丘中紧贴透明带外表面的一层卵泡细胞形成放射冠。卵泡腔周围的数层卵泡细胞称为颗粒层，卵泡膜分化为两层，即内层和外层（图11-8）。

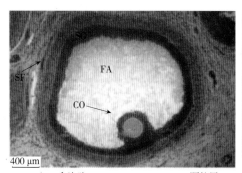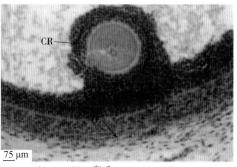

FA：卵泡腔，follicular antrum；SG：颗粒层，stratum granulosum；CO：卵丘，cumulus oophorus；
SF：次级卵泡，secondary follicle；CR：放射冠，corona radiata；
TE：卵泡膜内膜，theca interma；TI：卵泡膜外膜，theca externa

图11-8　次级卵泡（HE染色）

（二）子宫

1. 结构特点

子宫是胎儿附植及孕育的地方。在发情和生殖周期中，子宫经历一系列明显的变化。子宫壁结构由内向外可分为内膜、肌层和外膜三层。子宫内膜由上皮和固有层构成。上皮随动物种类和发情周期而不同，为单层柱状或假复层纤毛柱状上皮。固有层由结缔组织构成，浅层有较多的细胞以及子宫腺导管，深层细胞较少，有很多子宫腺腺泡，腺壁由有纤毛或无纤毛的单层柱状上皮组成。子宫肌层由发达的内环外纵两层平滑肌构成。子宫外膜是浆膜，由薄层疏松结缔组织及其外间皮组成。

2. 操作与观察

标本：羊子宫切片。

低倍镜下可见子宫壁由内向外分为内膜、肌层和外膜三层，内膜由上皮和固有膜构成，固有膜内有子宫腺，肌层发达，由内环外纵两层平滑肌构成，最外层是浆膜（图11-9）。

高倍镜下可见子宫内膜上皮为假复层纤毛柱状上皮，固有膜是疏松结缔组织，细胞少，富含大量子宫腺及导管。子宫腺是分支管状腺，由单层柱状上皮构成，导管开口于子宫内膜表面（图11-10）。

【课程目标】

掌握卵巢的组织学结构与功能的关系；了解子宫的组织学结构；能正确绘制卵巢的组织学结构图。

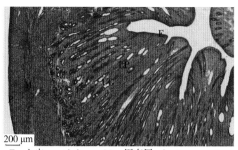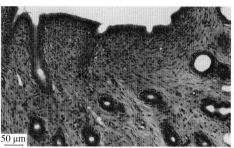

E：上皮，epithelium；LP：固有层，laminae propria；
UG：子宫腺，uterine gland；M：子宫肌层，
myometrium；P：子宫外膜，perimetrium

图 11-9 羊子宫切片（HE 染色）

E：上皮，epithelium；UG：子宫腺，uterine gland

图 11-10 子宫腺（HE 染色）

【扩展学习】

卵巢囊肿和子宫肌瘤形成的组织学基础。

作业与思考题

绘制高倍镜下卵巢的组织学结构图。

第十二章 | 内分泌系统

内分泌系统是机体重要的调节系统之一，由独立的内分泌腺（器官）、散在的内分泌细胞群和兼有内分泌功能的细胞组成。独立的内分泌腺包括垂体、肾上腺、甲状腺、甲状旁腺、松果体；散在的内分泌细胞及细胞群分布很广，如胰岛、肾小球旁器、卵泡、黄体、胎盘、睾丸间质细胞、神经内分泌细胞和消化管的内分泌细胞；兼有内分泌功能的细胞，如一部分心肌细胞、肥大细胞、巨噬细胞等。

独立的内分泌腺具有以下结构特点：细胞排列呈团、索、网或滤泡状，它们之间分布有丰富的毛细血管和毛细淋巴管；内分泌腺无导管，分泌物直接进入血液、淋巴或组织液，抵达作用的靶器官。

实验十六　内分泌系统

【实验目的】

显微镜下辨认甲状腺、肾上腺和垂体在高、低倍镜下的组织结构。

【实验内容】

肾上腺，垂体，甲状腺。

（一）肾上腺

1.结构特点

肾上腺被膜由致密结缔组织构成，被膜中含有散在的平滑肌，血管和神经伴随结缔组织伸入实质内。实质由周边的皮质和中央的髓质构成。皮质和髓质主要由腺细胞组成，来源和功能不同。肾上腺皮质根据细胞形态和排列的不同，由外向内分为多形带（球状带）、束状带和网状带。多形带位于被膜下，较薄，细胞的形态和排列因动物种类不同而异，反刍动物的细胞排列呈不规则的团状，又称球状带，马和食肉动物的细胞为柱状，排列成弓形，猪的细胞排列不规则。球状带的细胞核小而着色深，细胞质着色均匀。束状带最厚，由较大的多角形细胞呈条索状排列，条索间含有丰富的血窦。细胞质在常规染色时，脂滴被溶解，呈泡状，细胞核较大，圆形。网状带位于皮质的深层，细胞索状排列并相互吻合成网状，与束状带无明显的分界。肾上腺髓质位于肾上腺的中央，细胞排列成团索状，髓质细胞呈多角形或卵圆形,细胞核大而圆,位于细胞的中央。髓质细胞用重铬酸盐处理后,细胞质中可见被染成棕黄色的嗜铬分泌颗粒,称为嗜铬反应。髓质中央有一管腔大的中央静脉。

2. 操作与观察

标本:肾上腺切片。

低倍镜下可见肾上腺外包结缔组织被膜,髓质中央有一中央静脉。球状带紧贴被膜,比较薄;束状带最厚,细胞排列成束,着色较浅;网状带靠近髓质,细胞索交错成网状(图 12-1)。

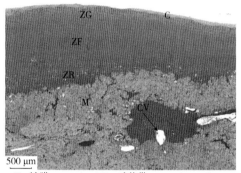

C:被膜,capsule;ZG:球状带,zona glomerulosa;
ZF:束状带,zona fasciculata;ZR:网状带,
zona reticularis;M:髓质,medulla;
CV:中央静脉,central veios

图 12-1　肾上腺切片(HE 染色)

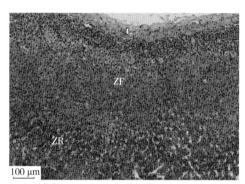

C:被膜,capsule;ZF:束状带,zona fasciculata;
ZR:网状带,zona reticularis

图 12-2　肾上腺皮质部(HE 染色)

高倍镜下观察肾上腺皮质部可见肾上腺球状带细胞较小,细胞形态为多边形,细胞核呈圆形或椭圆形,排列成团状或短索状。束状带细胞排列成索状,细胞为多边形或立方形,内含大量脂滴,制片时被溶解,故细胞质着色浅而呈泡沫状,束状带是皮质中最厚的部分,索与索之间有丰富的毛细血管(图 12-3)。

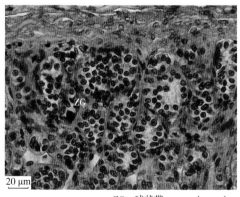

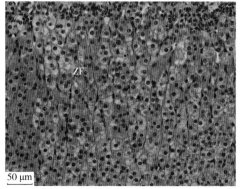

ZG:球状带,zona glomerulosa;ZF:束状带,zona fasciculata

图 12-3　肾上腺球状带、束状带(HE 染色)

高倍镜下可见髓质部位于肾上腺中央,由较大的多边形细胞组成网索状,索与索之间具有丰富的血窦,髓质中央有一腔大而壁薄的中央静脉(图 12-4)。

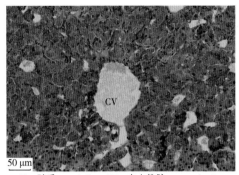

M：髓质，medulla；CV：中央静脉，central veios

图 12-4　肾上腺髓质（HE 染色）

（二）垂体

1.结构特点

垂体又称脑垂体，分为腺垂体和神经垂体。表面是薄层结缔组织形成的被膜，腺垂体包括结节部、远侧部和中间部。远侧部是腺垂体的主要部分，此部分最大，腺细胞呈团状、索状或滤泡状，细胞团、索之间有丰富的毛细血管和少量的网状纤维。在 HE 染色的标本中，根据腺细胞着色特性不同分为嗜酸性细胞、嗜碱性细胞和嫌色细胞。嗜酸性细胞数量较多，细胞较大，呈圆形或卵圆形，细胞质中有大量的嗜酸性颗粒。嗜碱性细胞数量少，胞体较大，细胞呈圆形、卵圆形或不规则形，细胞质内充满大小不一的嗜碱性颗粒。嗜碱性细胞分泌的激素为糖蛋白，故过碘酸希夫（PAS）反应呈阳性。嫌色细胞数量最多，常聚集成团，体积较小，呈圆形或多角形，胞质少，着色淡，细胞界限不清。

2.操作与观察

标本：猪垂体切片。

低倍镜下观察垂体切片可见垂体实质着色较深的部分为远侧部，着色较浅的部分为神经部。垂体远侧部与神经部之间的细长条部分为中间部。中间部与远侧部之间的裂隙为垂体裂（图 12-5）。

高倍镜下观察垂体远侧部可见腺细胞呈团状、索状或滤泡状，细胞团、索之间有丰富的血窦和少量的网状纤维。嗜酸性细胞数量较多，体积较大，细胞质有大量嗜酸性颗粒，着色为红色，细胞核位于细胞的中央，着色较深。嗜碱性细胞数量最少，细胞体积最大，呈圆形或多边形，细胞质嗜碱性着色，细胞核圆形，着色较浅，常偏于细胞的一侧。嫌色细胞数量多，细胞体积最小，着色很淡（图 12-6）。

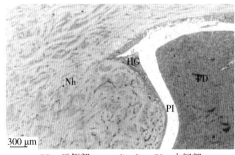

PD：远侧部，pars distalis；PI：中间部，
pars intermedia；Nh：神经部，neurohypophysis；
HG：垂体裂，hypophyseal gap

图 12-5　垂体（HE 染色）

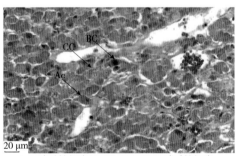

Ac：嗜酸性细胞，acidocyte；BC：嗜碱性细胞，
basophilic cell；CC：嫌色细胞，chromophobe cell

图 12-6　垂体远侧部（HE 染色）

（三）甲状腺

1.结构特点

甲状腺表面是薄层结缔组织构成的被膜，结缔组织随血管伸入腺实质，将其分成大小不等、界限不清的腺小叶。甲状腺实质由球形、椭圆形或不规则形、大小不等的滤泡构成，滤泡壁由单层立方上皮细胞围成，滤泡腔内充满均质状的嗜酸性胶体，其主要成分为甲状腺球蛋白。功能旺盛的滤泡，腔小，含少量稀薄的弱酸性胶体；功能较低的滤泡，含黏稠的强嗜酸性胶体。滤泡之间和滤泡上皮细胞之间有滤泡旁细胞。在滤泡周围有基膜和少量的结缔组织，有丰富的毛细血管和淋巴管。

2.操作与观察

标本：牛甲状腺切片。

低倍镜下可见甲状腺外包结缔组织被膜，实质中有许多大小不等的圆形或椭圆形滤泡，滤泡由单层立方上皮构成，滤泡腔充满胶状物质，呈浅红色或粉红色（图12-7）。

高倍镜下可见甲状腺滤泡由单层立方上皮细胞围成，滤泡大小、形状及滤泡上皮细胞的细胞形态都可因功能状态不同而不同。在功能活跃时，滤泡上皮增高呈低柱状，腔内胶质减少；反之，细胞变矮呈扁平状，腔内胶质增多。滤泡旁细胞卵圆形，体积较滤泡上皮细胞稍大，常规染色切片中着色较浅，不易辨认，可在滤泡上皮细胞之间或滤泡间结缔组织内看到，在滤泡间结缔组织内成群分布（图12-8）。

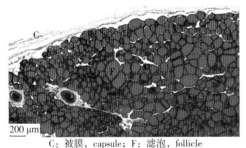

C：被膜，capsule；F：滤泡，follicle

图 12-7　甲状腺切片（HE 染色）

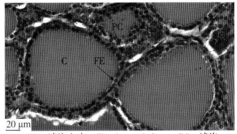

FE：滤泡上皮，fllicular epithelium；PC：滤泡旁细胞，parafollicular cell；C：胶质，colloid

图 12-8　甲状腺滤泡（HE 染色）

【课程目标】

通过实验观察进一步掌握肾上腺皮质和髓质的结构特点及功能；掌握垂体远侧部的细胞分类特点及其功能；了解甲状腺的组织学结构和功能；能正确绘制甲状腺的组织学结构图。

【扩展学习】

了解缺碘时甲状腺肿大的组织学基础。

作业与思考题

1. 如何理解下丘脑与腺垂体、神经垂体的关系?
2. 绘制甲状腺的组织学结构图。

第 十三 章 | 被皮系统

被皮系统由皮肤及其衍生物构成。皮肤覆盖于体表，直接与外界接触，为动物机体最大的器官，是保护机体免受外界侵害和机械损伤的第一道屏障。皮肤的厚薄随动物的种类、年龄、性别及分布的部位不同而异，但其组织结构基本相似，由表皮和真皮组成，借皮下组织与深部组织相连。皮肤衍生物是指由皮肤演变成的毛、羽、蹄、角、喙、冠、鳞片及汗腺、皮脂腺、乳腺、尾脂腺等特殊结构。

实验十七　被皮系统

【实验目的】

显微镜下辨认皮肤不同分层的结构特点，观察静止期乳腺和活动期乳腺的结构异同，观察汗腺、毛和皮脂腺的结构特点。

【实验内容】

皮肤，乳腺。

（一）皮肤

1. 结构特点

哺乳动物皮肤由外向内分别是表皮、真皮和皮下组织。表皮在皮肤的浅层，由复层扁平上皮组成。有毛皮肤的表皮由深层到浅层可分为四层结构，即基底层、棘层、颗粒层和角质层；而在无毛皮肤的表皮中，角质层与颗粒层之间还有透明层。真皮由不规则致密结缔组织构成，含有大量的胶原纤维和弹性纤维，细胞成分少。真皮分为浅层的乳头层和深层的网状层。乳头层向表皮突出形成真皮乳头，网状层与皮下组织相连，二者之间无明显界限。皮下组织由疏松结缔组织构成，毛囊、皮脂腺、汗腺多存在于网状层内。

毛露出皮肤之外的部分为毛干，埋于皮肤之内的部分为毛根。毛根末端膨大与周围的毛囊构成毛球，毛球底部凹陷，突入的结缔组织形成毛乳头。毛囊包绕于整个毛根，由表皮和真皮结缔组织向内陷入形成。皮脂腺位于毛囊附近，泡状腺。分泌部为不规则的多角形细胞团，弱嗜酸性着色。外层细胞较少，着色较深，越近中央胞体越大，着色越浅，细胞核固缩程度越高。导管很短，开口于毛囊。汗腺分泌部位于皮下组织内，导管由真皮进入表皮后，呈螺旋走行，开口于毛囊或皮肤表面。

2. 操作与观察

标本：皮肤切片。

低倍镜下可见皮肤表层均质嗜酸性部分和其下方的薄层嗜碱性着色部分为表皮；表皮内侧嗜酸性深染，致密的组织为真皮，乳头层紧靠表皮，形成许多乳头状突起，网状层位于乳头层深部，一般此层较厚；真皮下方排列疏松，嗜酸性浅染的部分为皮下组织，此层较厚。真皮深层可见多个汗腺分泌部（图13-1）。

高倍镜下可见表皮由内向外依次为基底层、棘细胞层、颗粒层、透明层和角质层。基底层是靠近真皮并附于基膜上的一层细胞，细胞呈低柱状或立方形，细胞核圆形或卵圆形、排列较整齐。棘细胞层细胞较大，呈多边形，细胞核圆形或椭圆形，位于中央。颗粒层细胞呈梭形或扁平状，细胞核深染呈椭圆形或扁圆形。透明层由几层细胞界限不清的扁平细胞构成，细胞核与细胞器已退化分解，细胞质呈均质状，HE染色时被伊红染色，呈均质透明状。角质层位于表皮的最表层，由已经死亡的多层扁平角化的细胞组成，细胞核、细胞器均已消失，细胞轮廓不清，嗜酸性，呈均质红色（图13-2）。

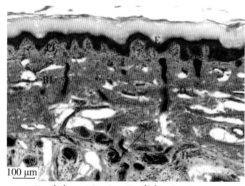

E：表皮，epidermis；D：真皮，dermis；
H：皮下组织，hypodermis；PL：乳头层，
papillary layer；RL：网状层，reticular layer；
SG：汗腺，sweat gland

图13-1 皮肤切片（HE染色）

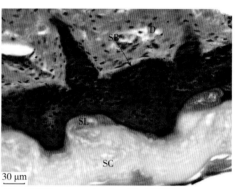

SB：基底层，stratum basale；SS：棘细胞层，stratum
spinosum；SG：颗粒层，stratum granulosum；
SL：透明层，sstratum lucidum；
SC：角质层，stratum corneum；
D：真皮，dermis

图13-2 表皮（HE染色）

汗腺分泌部的腺上皮呈矮柱状或立方形，在上皮细胞和基膜之间，有一层梭形的肌上皮细胞分布，导管部管壁由两层矮立方形上皮细胞构成（图13-3）。

高倍镜下可见露出皮肤之外的部分为毛干，埋于皮肤之内的部分为毛根。毛囊包绕于整个毛根，由表皮和真皮结缔组织向内陷入形成。毛根末端膨大与周围的毛囊构成毛球，毛球底部凹陷，突入的结缔组织形成毛乳头。皮脂腺位于毛囊附近，腺泡细胞体积较大，

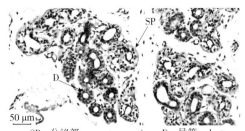

SP：分泌部，secretory portion；D：导管，duct

图 13-3　汗腺（HE 染色）

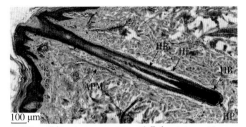

HR：毛根，hair root；HP：毛乳头，hair papilla；
HB：毛球，hair bulb；HF：毛囊，hair follicle；
APM：立毛肌，arrector pili muscle

图 13-4　有毛皮肤（HE 染色）

多边形，着色浅，充满脂滴，几乎没有腺泡腔（图 13-4）。

（二）乳腺

1. 结构特点

乳腺为复管泡状腺，由被膜、间质和腺实质组成。被膜被覆于腺体表面，是富有脂肪的结缔组织膜。被膜的结缔组织深入实质内，将其分为许多小叶。腺实质包括分泌部与导管部两部分。分泌部由腺泡组成。腺泡形态不规则，呈卵圆形或球形。腺上皮为单层，细胞的形态随分泌活动而变化。当细胞内聚集脂滴和蛋白颗粒时，细胞呈高柱状或锥状，顶端突入腺泡腔内，细胞核为球形，多位于细胞的基部，此时腺泡腔较小。随着分泌物排出，细胞变成立方形，腺泡腔增大，并充满分泌物。在腺上皮细胞与基膜之间有肌样上皮细胞，腺细胞的分泌和乳汁的排出，与肌样上皮细胞的收缩有关。一个腺小叶内的腺泡其分泌活动并不完全一致。因此，可见某些腺泡的上皮细胞为高柱状，而另一些细胞为立方形。乳腺的导管自小叶内导管开始，其上皮为单层立方上皮，有肌样上皮细胞。小叶内导管与很多腺泡相连，进入叶间结缔组织后，汇入小叶间导管，管壁为单层柱状上皮或双层立方上皮。由小叶间导管集合成输乳管，输导整个腺叶的乳汁。输乳管等大型导管的管壁为双层的矮柱状上皮，并有纵行的平滑肌纤维。乳头管的上皮为复层扁平上皮。

2. 操作与观察

标本：泌乳期乳腺切片，静止期乳腺切片。

观察乳腺切片可见泌乳期乳腺有大量乳腺腺泡及少量管腔很大的腺导管，腺泡和导管内多充满嗜酸性着色的乳汁凝固物。静止期乳腺可见少量导管，大量结缔组织和脂肪组织（图 13-5~ 图 13-7）。

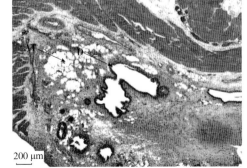

AT：脂肪组织，adipose tissue；D：导管，duct

图 13-5　静止期乳腺（HE 染色）

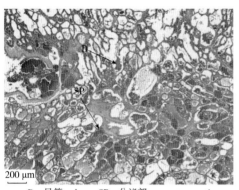

D: 导管，duct；SP: 分泌部，secretory portion

图 13-6　泌乳期乳腺（HE 染色）

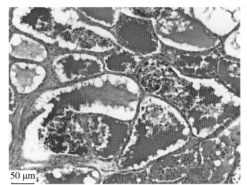

图 13-7　泌乳期乳腺腺泡（HE 染色）

【课程目标】

通过实验观察进一步掌握皮肤的形态结构；了解临床上进行皮试、皮内注射和皮下注射的组织学部位；了解汗腺、皮脂腺的组织学结构；重点观察泌乳期的乳腺，并与静止期的乳腺作比较。

【扩展学习】

皮肤作为机体第一道防御屏障的意义和结构基础；泌乳期乳腺的激素调控。

作业与思考题

绘制皮肤的组织学结构图。

第 十四 章 　胚胎学

　　动物由受精卵（合子）发育成新个体的过程称为个体发育。动物的个体发育通常分胚前发育、胚胎发育和胚后发育三个阶段。生殖细胞也称配子，包括雄性生殖细胞（精子）和雌性生殖细胞（卵子）。配子发生是从原生殖细胞发育分化成生殖细胞的过程。胚胎到达囊胚阶段后，继续发育、分化，开始形成原肠，这在胚胎发生过程中是一个重要的阶段。在原肠形成过程中，胚胎细胞经过一系列的运动和变化，迁移到囊胚内部，形成内胚层或中内胚层；留在外面的称为外胚层。具有内、外两个胚层结构的胚胎，称为原肠胚。原肠胚细胞迁移过程，称为原肠胚形成或原肠作用，内胚层包围的腔称为原肠。

　　胚胎发育早期形成四种胚外膜，即卵黄囊、羊膜、浆膜（也称绒毛膜）和尿囊，这几种胚膜虽然都不形成机体的组织或器官，但是它们对胚胎发育过程中的营养物质利用和各种代谢等生理活动的进行是必不可少的。卵黄囊从孵化的第 2 天开始形成，到第 9 天几乎覆盖整个蛋黄的表面。卵黄囊由卵黄囊柄与胚胎连接，卵囊上分布着稠密的血管；羊膜在孵化的 30~33 h 开始生出，首先形成头褶，随后头褶向两侧延伸形成侧褶，40 h 覆盖头部，第 3 天尾褶出现。第 4~5 天由于头、侧、尾褶继续生长的结果，在胚胎背上方相遇合并，称为羊膜脊，形成羊膜腔，包围胚胎。羊膜褶包括两层胎膜，内层紧贴胚胎，称为羊膜；外层紧贴在内壳膜上，称为浆膜或绒毛膜。羊膜腔充满透明的液体（羊水），胚胎就漂浮于其中，这些液体保护胚胎，起缓冲的作用。绒毛膜与尿囊膜融合在一起，帮助尿囊膜完成代谢功能。孵化第 2 天末到第 3 天开始形成尿囊膜，第 4 天开始迅速生长，第 6 天到达壳膜的内表面。孵化的第 10~11 天时尿囊血管包围整个蛋的内容物，而在蛋的锐端合拢起来，俗称"合拢"。

　　禽类继承了两栖类许多胚胎发育特点，但由于禽卵中含有大量的卵黄，其所有胚胎细胞运动，都只能在片状的胚盘中进行。禽卵原肠形成可分为两期：第一期为原肠形成早期，是为细胞运动作准备时期；第二期是原肠形成期。

　　在原肠形成早期，胚盘的主要细胞运动发生在明区后 2/3。位于明区前部和两侧的细胞，向中央和后部运动，结果在明区后 2/3 的中线上形成一条加厚的细胞带，该细胞带叫作原条。原条中央向下凹陷，形成原沟，两边隆起，叫作原褶。原沟前端加深的部分叫作原窝，原窝周围部分叫作原结。原肠形成期，由原条前部向内陷入一些细胞，加入到下胚层中间，形成一层并把下胚层向两侧和前方推开。这层由原条来的细胞将来形成胚内内胚层，而原来的下胚层则形成胚外内胚层。内胚层形成后，内胚层与卵黄所夹的腔改称原肠。

内、外两个胚层的形成，标志着原肠胚形成结束。从原窝前壁原结处卷入的细胞向前延伸形成脊索和索前板，称为头突。与此同时先形成中胚层的侧板，再形成上段和中段中胚层。随着脊索不断向后延伸，原条逐渐向后退缩，脊索完全形成，原条消失。机体的所有组织和各个器官都由三个胚层发育而来，中胚层形成肌肉、骨骼、生殖泌尿系统、血液循环系统、消化系统的外层和结缔组织；外胚层形成羽毛、皮肤、喙、趾、感觉器官和神经系统；内胚层形成呼吸系统上皮、消化系统的黏膜部分和内分泌器官。

实验十八　禽早期胚胎发育

【实验目的】

显微镜下辨认家禽早期胚胎发育 24 h 和 48 h 的特征结构。

【实验内容】

鸡胚。

1. 结构特点

胚胎发育过程相当复杂，以鸡的胚胎发育为例，其主要特征如下：在入孵的最初 24 h，即出现若干胚胎发育过程。4 h 心脏和血管开始发育；12 h 心脏开始跳动，胚胎血管和卵黄囊血管连接，从而开始了血液循环；16 h 体节形成，有了胚胎的初步特征，体节是脊髓两侧形成的众多的块状结构，以后产生骨骼和肌肉；18 h 消化道开始形成；20 h 脊柱开始形成；21 h 神经系统开始形成；22 h 头开始形成；24 h 眼开始形成。在胚盘的边缘中胚层进入暗区，在胚盘的边缘出现许多红点，称为"血岛"。25 h 耳、卵黄囊、羊膜、绒毛膜开始形成，胚胎头部开始从胚盘分离出来，孵化 30~42 h 后，心脏开始跳动；72 h 尿囊开始长出，开始形成前后肢芽，眼色素开始沉着，胚胎开始转向成为左侧下卧，循环系统迅速增长。

2. 操作与观察

标本：鸡胚装片。

观察鸡胚装片可见在入孵 24 h 出现羊膜腔，首先形成头褶、神经褶，在明区后 2/3 的中线上形成一条加厚的细胞带，该细胞带叫作原条，脊索初步形成，形成体结、原条、原结。如图 14-1 所示，孵化 48 h 时，随着原结的前移

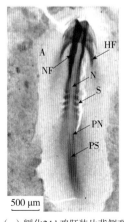

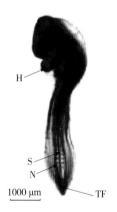

（a）孵化24 h鸡胚装片背侧观　　（b）孵化48 h鸡胚装片

A：羊膜，amnion；PS：原条，primitive streak；HF：头褶，
head fold；S：体节，somite；PN：原结，primitive node；
N：脊索，notochord；NF：神经褶，neural fold；TF：尾褶，
tail fold；N：神经管，nerviduct；H：心脏，heart

图 14-1　孵化鸡胚装片

和原条的伸长，形成尾褶，神经褶闭合后形成神经管。

【课程目标】

通过实验观察进一步掌握鸡卵的结构及早期胚胎发育特点。

【扩展学习】

了解"世界试管山羊之父"旭日干成功培育出世界第一胎"试管山羊"的事迹，培养学生科学探索精神、创新精神。

作业与思考题

简述禽类和哺乳动物三胚层发育的异同。

动物组织学与胚胎学

制片技术实习篇

第 十 五 章 | 动物组织切片制作技术概述

一、课程教学目的

动物组织胚胎学课程是动物医学专业与动物科学专业的骨干课程，动物组织切片制作技术广泛应用于兽医临床检验、基础医学、药学、生物技术基础研究领域。随着我国医学与生物技术产业的蓬勃发展，越来越多的动物科学、动物医学专业学生服务于相关科研和生产行业，因此动物组织切片制作技术成为动物科学、动物医学专业学生必须掌握的基本专业技能之一。

本课程以实践训练为主，在紧密结合课程专业知识的基础上，通过组织切片及染色技术实践教学，培养学生动手能力与空间想象能力，提高学生对动物组织标本的判读能力、使用数码摄影技术呈现动物组织结构的能力。该实践环节帮助学生掌握此项技能，也将有助于后续课程（如动物病理学、动物寄生虫学、动物产科学、动物临床检验等）的学习和完成毕业论文。动物组织切片技术作为一项专业技能同时具有提升动物医学专业学生的专业实践技能和素质作用，为将来把他们培养成为合格的动物医生打好基础，提升学生在动物疫病基础研究、动物疾病临床诊疗，以及从事畜牧业生产、管理、兽医公共卫生等相关专业领域的就业竞争力。

二、课程教学的主要内容

通过实践教学使学生了解动物组织切片制作的基本原理及操作过程，包括血液涂片标本的制作技术、动物组织的铺片制作技术、动物组织石蜡切片制作、冰冻切片机的使用、动物组织切片显微摄影等内容。

三、课程教学的基本要求

（1）了解动物组织石蜡切片的制作原理，掌握动物组织石蜡切片制作的基本方法及应用。

（2）通过实验训练，使学生具有熟练的在显微镜下对常见动物血涂片的制备及血细胞的辨识能力。

（3）强化学生对显微镜及显微镜使用技术的了解及技能训练，特别是加强学生在数码显微镜技术方面的应用技能训练，从而提高学生在生物学基础研究及动物医学临床诊疗的基本技能。

（4）该实习适宜以小组形式进行操作训练，以小组为单位完成课程考核，在技能训练的同时培养学生的组织能力、团队精神。

四、时间安排

5 天。参考学时：30 学时。

第 十 六 章 | 非切片法

实习一 动物血涂片制备与观察

血液是动物体一种重要的结缔组织类型，制作血涂片是动物血液细胞形态检查的常用技术之一。在载玻片上涂抹动物的血液并进行染色，在显微镜下可以观察红细胞形态、白细胞的分型及形态等，血涂片制备是本专业学生必须掌握的组织学、病理组织学检验技术之一。

【实习目的】

通过本实习掌握血涂片的制作、观察方法，具备基本的动物血涂片判读能力。

【实习内容】

学习动物血液涂片的正确制备方法和判读。

【实习操作】

（一）准备工作

准备洁净载玻片、盖玻片、瑞氏染色剂、吉姆萨染色剂工作液（或基液）、磷酸缓冲液（pH 6.4）、采血针、吸管、常规手术器械、数码显微镜、SPF 级小鼠、鸡等。

（二）血涂片制备

1. 小鼠血涂片制作

用酒精棉球涂擦小鼠尾尖消毒，用消毒的手术剪剪去尾尖，待出血后以载玻片正面 1/3 处蘸取血液，取另一载玻片的端部轻压血滴，使血液沿载玻片端部展开呈线状，向另一端均匀推进，使血滴展开成均匀膜状。推片角度一般在 15°~30°，角度与血膜厚度成正比。合格的血涂片如图 16-1 所示，制作完成后使涂片在空气中干燥。

2. 鸡血涂片制作

用酒精棉球擦鸡冠消毒，晾干后以针刺或剪破鸡冠，滴血于干净载玻片一端，重复上述操作。

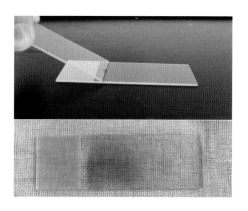

图 16-1　涂片操作示意图

（三）血涂片染色

1. 瑞氏染色法

将干燥后血涂片平置于染片盒中，滴加瑞氏染液至盖满血膜面为止，染 1~3 min，然后以等量的 pH 6.4 磷酸缓冲液（或蒸馏水）加在染液上，此时染液出现一层金黄色物，再染 2~8 min，用蒸馏水冲洗干净，吸水纸吸干，镜检。

注意事项：染色时间与室温等因素有关，可视时调整。染嗜伊红颗粒应减少染色时间，血膜较厚应适当的增加时间。

2. 吉姆萨染色法

血涂片如上述，新鲜血膜用甲醇固定 5 min。取出干燥后用吉姆萨染液（吉姆萨基液 0.3 mL，pH 6.4 磷酸缓冲液或蒸馏水 10 mL）染 15 min，然后用蒸馏水或缓冲液洗涤，室温中干燥。镜检。

注意事项：吉姆萨染液对氢离子浓度特别敏感，当染液偏酸时红血球则染成红色，偏碱时染成蓝色，因此必须用缓冲液来调节染液的酸碱度。

如室温低或染液使用时间较长可适当延长染色时间，吉姆萨染液切勿放入温箱内，因温度过高会导致嗜天青颗粒消失。

（四）镜检及拍照

染色后将标本置于 10×、40×、100× 镜下观察、选取合适视野拍照，对目标细胞进行标记并存档备用。

数码照片拍摄及软件使用方法见示范教学相关章节。

【预期结果】

1. 瑞氏染色结果

细胞核呈红蓝色，嗜酸性颗粒呈鲜红色，嗜碱性颗粒呈蓝色，中性颗粒呈红紫色，淋巴细胞细胞质呈淡蓝色（图 16-2、图 16-3）。

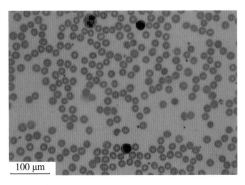

图 16-2　血涂片（瑞氏染色）

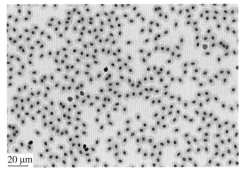

图 16-3　鸡血涂片（瑞氏染色）

2. 吉姆萨染色结果

染色结果与瑞氏染色结果基本类似。嗜酸性颗粒为碱性蛋白质，与酸性染料伊红结合，呈现粉红色，称为嗜酸性物质；细胞核蛋白和淋巴细胞细胞质为酸性，与碱性染料美蓝或天青结合，呈现紫蓝色，称为嗜碱性物质；中性颗粒呈等电状态与伊红和美蓝均可结合，呈现淡紫色，称为中性物质。

各小组整理制作完成合格的血涂片，找到并正确标记目标细胞，提交作业。

讨论题：

以小组讨论方式对本组在各环节制作失败的血涂片进行分析总结，掌握血涂片的制作和染色技术。

实习二　铺片（撕片）的制备与观察

结缔组织在动物体内广泛存在，疏松结缔组织是细胞类型较多的结构复杂的一种。组织撕片是观察疏松结缔组织的一种直接且较简便的方法。单层扁平上皮是上皮组织中结构较简单的上皮组织类型，铺片法配合硝酸银染色能较清晰地展示出该组织的形态学特征。

【实习目的】

学习动物组织铺片及撕片的制作方法，了解结缔组织标本的制作及观察方法；学习单层扁平上皮标本的制作及观察方法。

【实习内容】

制作小鼠皮下结缔组织撕片（甲苯胺蓝染色显示肥大细胞）和制作肠系膜铺片（硝酸银染色显示扁平上皮，地衣红染色显示弹性纤维与胶原纤维）。

【实习操作】

（一）准备工作

小鼠、手术器械、解剖盘、载玻片、盖玻片、染色缸、甲苯胺蓝染液、1% 硝酸银水溶液等。

（二）皮下结缔组织撕片、甲苯胺蓝染色显示肥大细胞

在解剖盘中使用脱臼法处死小鼠，用镊子撕取少许皮下结缔组织于载玻片上，用镊子及解剖针轻拉展开、铺薄，越薄越好，滴乙醇－甲醛液（AF 液）固定 30~60 min，期间需保持湿润。

甲苯胺蓝染色，标本固定后用甲苯胺蓝染色 10~15 min。自来水洗去残余染液，梯度乙醇脱水，二甲苯透明，树胶封片。镜检。

本实习也可以用甲醛固定－中性红染色法，即铺片用 4% 多聚甲醛或 EAF 固定液（乙

醇－冰醋酸－多聚甲醛）固定，1% 中性红水溶液染 5 min，急速脱水、透明、封片。

（三）硝酸银染色显示扁平上皮

取小鼠肠系膜，剪断小肠后连同肠系膜平铺于干净的载玻片上。滴加 1% 硝酸银水溶液于肠系膜上，连同载玻片一起放在日光下晒至溶液呈现金黄色为止。

镜检，低倍镜下检查染色深浅，以细胞界限显现黑色，细胞核白色轮廓清楚为止。如果染色太浅可以继续日晒。

冲洗，用蒸馏水洗净硝酸银，以免继续作用染色过度（如需显示细胞核可选择复染，用苏木素染色 5~10 min，分色后脱水、透明）。

剪裁，用手术刀片去除肠管，留下肠系膜，也可把肠系膜切成小块分别摊平于载玻片上，晾干。

封片，待全部干燥后用 100% 乙醇脱水，经二甲苯：乙醇（1∶1）、二甲苯脱水透明后封固。

（四）结缔组织铺片台盼蓝注射－HE 染色法

小鼠按 2~3 mL/kg（每次），皮下或腹腔注射 0.2%~0.5% 台盼蓝水溶液，每天注射 1 次，连续注射 3 天后取材。

取小鼠皮下组织或肠系膜，平铺于载玻片上，以 AF 液固定 30 min。铺片用 1% 地衣红染液对弹性纤维染色，在 37℃温箱中染 15~30 min。经流水洗去浮色，再用蒸馏水洗。用 Ehrlich 苏木素及伊红复染。经 95% 乙醇 2 次分色及脱水，100% 乙醇脱水 2 次（2 min／次），用吸水纸吸干，二甲苯透明。中性树胶封片镜检。

【预期结果】

（1）肥大细胞（MC）多位于小血管附近，成行、成群存在（图 16-4、图 16-5）。细胞质中充满粗大的嗜碱性颗粒，有异染性，多种染料均能显示。

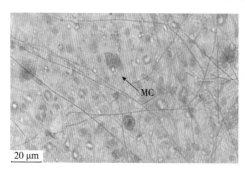

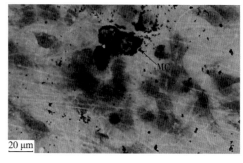

图 16-4 皮下结缔组织中肥大细胞　　图 16-5 小鼠肠系膜疏松结缔组织

（2）镜下可见到扁平上皮，边缘呈褐色锯齿线状，核区空白（图 16-6）。如果用苏木素复染，细胞核呈蓝紫色。

（3）成纤维细胞呈淡灰蓝色，台盼蓝吞噬颗粒呈蓝色；弹性纤维呈红褐色；胶原纤维呈红色。细胞核呈蓝紫色，细胞质呈红色。

在显微镜下找到目标细胞，拍照并正确标记肥大细胞、单层扁平上皮细胞、成纤维细胞、弹性纤维、胶原纤维等。

镜检后，各小组将制作完成合格的标本，正确标记后保存并提交作业。

讨论题：

1. 以小组为单位对制作不合格的撕片、铺片进行点评，分析失败原因。

2. 讨论光照、温度等因素对结果的影响。

图 16-6　肠系膜铺片（硝酸银染色）

实习三　骨磨片的制作法（选）

骨磨片是观察骨组织结构的重要方法之一，是将骨切割成薄片后，用磨石和砂纸打磨至 25~50 μm 厚度，然后经过染色、透明，用树胶封固制成能在显微镜下观察的薄片的方法。可用于骨的组织学、病理组织学研究。

【实习目的】

了解动物骨组织磨片的制作过程和观察方法。

【实习内容】

学习制作动物骨磨片。

【实习操作】

（一）准备工作

取实验犬或兔的股骨，用锯锯成 1~2 mm 厚的横断面骨片备用。

显微镜、粗磨石、细磨砂纸、染色皿（或带盖小瓶）、结晶紫染液、载玻片、盖玻片、树胶等。

（二）制作骨磨片

将准备好的骨薄片放在粗磨石或砂纸上研磨，要磨得均匀，两面均磨到，磨至 100~200 μm，用手指或软木塞抵住在细磨石上加水研磨，至骨片呈斑白色（约 100 μm），最终至透明无色，此时厚 20~40 μm，显微镜下检查表面平整、骨结构依稀可见即可。

（三）结晶紫染色

将骨磨片小心移至染色皿内，依次用含 2% 结晶紫的 70% 乙醇溶液、1.5% 结晶紫

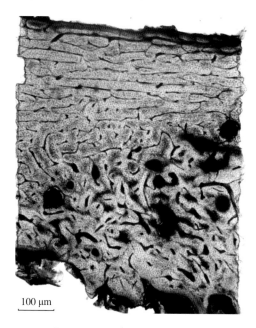

100 μm

图 16-7　骨磨片（结晶紫染色）

的 95% 乙醇溶液、1% 结晶紫的 100% 乙醇溶液各染 24 h，经 100% 乙醇洗过，镜检。

（四）透明封固

对结构显示清楚的骨磨片经二甲苯透明，树胶封片。

注意事项：

（1）当骨片已很薄时，研磨时注意压力不能过大，以免导致骨磨片碎裂。

（2）研磨过程不断用低倍显微镜检查，至骨小管腔清楚时为止。封固时需要用较稠的树胶，以免封固不严。

【预期结果】

低倍镜下制作好的骨磨片应该结构清楚，纵切面上骨小管等染色呈蓝紫色，横切面上可见哈氏管等结构（图 16-7）。

讨论题：

以小组为单位对制作不合格的骨磨片进行点评，分析失败原因。

实习四　鸡早期胚胎标本整体制片（选）

鸡胚是观察脊椎动物胚胎发育的常用实验材料，鸡胚玻片标本因材料易得、制作简单、可以长期保存而被广泛应用。制作鸡胚玻片标本、观察和了解早期胚胎发育的过程是动物科学与动物医学专业组织胚胎学课程专业技能训练内容之一。

【实习目的】

学习鸡早期胚胎标本的制作方法及观察方法。

【实习内容】

制作鸡早期胚胎压片标本，显示鸡胚早期发育主要阶段的形态学特征。

【实习操作】

（一）准备工作

准备好洁净的载玻片、盖玻片、平皿、滤纸、盐酸、乙醇、二甲苯、生理盐水、Bouin 固定液、硼砂洋红染液等。

（二）孵卵

将新鲜受精种蛋用温水洗净、擦干，放入 37~39℃孵卵箱内孵化 48 h。孵化箱相对湿度调至 60%~70%。

（三）取胚

将孵化 48 h 的种蛋取出，手持鸡蛋使大端向上用眼科镊柄轻敲蛋壳凿成一孔，用眼科镊仔细将蛋壳去掉，露出卵黄，若受精卵发育良好，则可见白胚盘位于卵黄表面。用眼科剪沿胚盘的边缘将胚盘剪下。

（四）冲洗

将剪下的胚盘拉入盛有温热（40℃左右）生理盐水的平皿内（卵黄膜面向下），轻摇平皿或用吸管吸取少量生理盐冲去胚下的卵黄，尽量将卵黄去除干净，否则胚盘易碎且影响观察，用生理盐液洗一次。注意洗的过程中要一直使胚盘保持铺平状态。

（五）固定

（1）用滤纸剪一个与胚盘大小相仿的中空圆圈压在胚盘上，以防止胚盘在固定时起皱褶。

（2）用滴管吸取 Bouin 固定液（或 Helly 固定液）自胚盘中央逐渐滴入，固定约 30 min。

（六）洗涤

70% 乙醇中洗 2 次，每次洗 15 min，再用蒸馏水洗 2~3 次。

（七）染色

（1）标本用硼砂洋红染液，染色 24~48 h。

染液配制：4% 硼砂水溶液 100 mL，洋红 2 g，混合后加温至溶解，冷却后过滤，加 70% 乙醇 100 mL 即可。

（2）染色完成后，标本用 0.5%~1% 盐酸乙醇（70% 乙醇溶液）分化，至无红色溢出为止。

（八）脱水

标本经 50%、70%、80% 乙醇各 20~30 min，95% 乙醇 2 次共 40 min，100% 乙醇 2 次共 40 min，保证彻底脱水。

（九）透明

在 100% 乙醇中逐渐加入二甲苯（或冬青油或香柏油）至乙醇：二甲苯为 1:1，等候 1 h。加入二甲苯（或冬青油或香柏油）到鸡胚透明为止（0.5~1 h）。

（十）封片

将胚胎标本移至载玻片上，并迅速滴加树胶封固。

注意事项：因胚胎压片较厚，故封固鸡胚须用稠度较大的树胶，也可填充一些碎盖片于标本周围，使树胶与填充盖片凝为一体，以免树胶填充不满致盖片倾斜，导致封固不严。

（十一）镜检

待树胶彻底凝固后将标本置于低倍镜下镜检。

【预期结果】

好的标本应能见到头褶已形成，并能看到羊膜、卵黄囊、体节等结构。

讨论题：

以小组为单位对制作失败的鸡胚标本进行点评，总结经验，分析失败原因。

第 十七 章 | 石蜡切片制备法

石蜡切片是组织学标本最常用的制片方法，在石蜡切片的基础上可配合多种染色技术展现组织的细胞组成、细胞化学成分等形态学特征。

【实习目的】

通过实习了解和初步掌握动物组织石蜡切片技术，培养动物医学实验室检验的基本技能。

【实习内容】

动物组织石蜡切片的制作。

【实习操作】

动物组织切片制作主要包括取材、组织固定、脱水透明、浸蜡、包埋、切片、染色、封固等主要步骤，具体流程参见附录3。

（一）准备工作

显微镜、轮转式切片机、摊片机、恒温箱、脱水机、包埋机、染片机、切片刀片、染色缸、载玻片、盖玻片、常用解剖器械、石蜡、苏木素染液、伊红染液、包埋树胶等。

（二）取材

取材原则：为尽可能保持组织的新鲜和组织的原有状态、应在动物处死后尽快取材，最好是动物心脏还在跳动时取材，并立即投入固定液内。脏器的上皮组织特别是消化器官的上皮组织最易变质，应争取在死后 30 min 内处理完毕。

1. 动物处死方法

依据《实验动物管理条例》规定的实验动物福利原则，动物处死可使用过度麻醉法、空气栓塞法（如兔）、断头毁脑法（如青蛙）、脱臼法（如小鼠）、股动脉放血法（如牛、犬等）、灌流法等。本实习以小鼠为例，采用过度麻醉法或脱臼法处死。

（1）过度麻醉法　将小鼠与浸有乙醚或氯仿的棉球一起密封于钟罩或有盖玻璃瓶内进行麻醉。待小鼠失去知觉即可用于实习。

（2）脱臼法　将小鼠置于解剖盘中，可用一只手按头，另一只手使劲拉其尾部，使其椎骨脱臼致死。

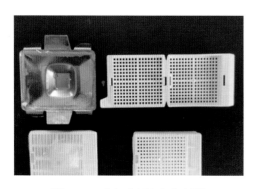
图 17-1　包埋盒及包埋好蜡块

2. 取材操作方法

将处死后小鼠置于解剖盘中，剖开腹部后用锋利手术刀、剪在最短时间内按要求摘取肝、肾、肺、心、脾、肠、睾丸等器官，也可按需摘取肌肉、皮肤等组织。

取得的组织块置于生理盐水中清洗后放入包埋盒（图 17-1）中，用铅笔做好标记后投入固定液中，固定。如需固定后修切，组织块也可直接投入固定液中，组织块体积不要超过 10 mm×10 mm×5 mm，否则影响固定效果。组织块修切后大小约 5 mm×5 mm×3 mm。

注意事项：组织块力求薄而小，固定液渗透迅速、组织固定效果好。取材后切除无用部位（如组织周围脂肪等），减少其对后续操作的影响。

（三）固定

（1）固定的目的　是阻止组织细胞离体后自溶和腐败，尽量保持生前状态，确保组织块在脱水、包埋、切片、染色等过程中不被破坏。固定可使细胞蛋白质、脂肪、糖、酶等成分转变为不溶性物质，以保持原有状态；固定也可使组织块硬化，便于制作薄片，固定还可以使组织内各种物质成分产生不同折光率、使不同组织成分对染料有不同亲和力，以便染色后易于鉴别观察。

（2）固定操作　将装有组织块的包埋盒投入 10% 甲醛固定液中，固定液的量至少是组织块大小的 20 倍以上。固定 24 h。

常用固定液有福尔马林（10% 甲醛）、AF 液等。如有特殊需要也可采用其他固定液。例如，神经组织因需要显示内容不同，需使用不同固定液及固定方法；骨骼、皮肤等特殊组织也需要区别使用不同的固定液，如有需要需提前准备好。固定液配制及使用见附录1。

注意事项：

（1）必须选择渗透力强，又不使组织过度收缩、膨胀的试剂作组织固定液。

（2）固定时间长短视固定剂而定，也与温度、组织块大小有关，温度高时时间可适当缩短，组织块大则需延长固定时间。

（四）修切

软组织或较大组织块可先经 2~3 h 固定后，修切至需要大小后继续放入固定液中固定。组织块固定后，用水或乙醇稍加清洗后予以修切，将受挤压或不需要的部分修切或整形。同时选择好包埋面并置于包埋盒中备用，包埋面是指后面切片时的切削面，包埋面与组织块粘贴包埋盒面必须平行，一般也是组织块的最短长度段。包埋面的定位，一般长段应沿纵切片方向包埋，短段应沿横切方向包埋；气管及较细的肠管等则应分段切成长 5 mm 左右的横断面，包埋面一般为横断面，有特殊要求的除外。

（五）洗涤

将前一日固定的组织块从固定液中取出，经自来水冲洗，进入脱水环节。如果选用经甲醛长期固定的组织，则需用流水冲洗 12~24 h 再使用。

注意事项：凡用含铬或锇的固定液固定的组织块，必须置于流水冲洗 24 h 左右。若直接浸入乙醇，往往会产生一种低氧化物沉淀而影响染色。含有苦味酸（如 Bouin 固定液）或乙醇的固定液固定的组织块，大多采用乙醇洗涤，苦味酸易溶于乙醇，故要在 70% 乙醇中充分洗涤，尽量除去黄色，以免影响染色；含乙醇的固定剂直接在一定浓度的乙醇内脱水即可。

（六）脱水

将组织块内水分置换的过程称为脱水。具体使用的脱水及染色流程参见附录 3。

（1）脱水及脱水剂　常用的固定剂中含有很多水分，在石蜡包埋前，必须用某些溶液逐步将组织块吸收的水分置换出来，本实习用乙醇作为脱水剂，再用石蜡将该溶剂置换，完成包埋步骤。脱水时必须由低浓度脱水剂开始，逐步转入高浓度脱水剂，脱水不完全将影响制片效果。脱水前需提前配制梯度乙醇、二甲苯置于系列容器中备用。

（2）脱水的操作　组织块水洗后进入乙醇脱水，经过 70%、80%、95%I、95%II、100%I、100%II 乙醇脱水，其中 95%、100% 乙醇可重复两次以保证组织中水分脱除干净。各级乙醇脱水的时间 30~45 min。脱水透明过程也可在自动脱水机（图 17-2）完成。

图 17-2　自动脱水机

（七）透明

透明也称媒浸，是脱水和浸蜡的中间过渡阶段。

（1）透明剂　组织块脱水后，但因脱水剂（乙醇）不能与石蜡相溶，则石蜡仍不能浸入组织并包埋成供切片用的蜡块，因此需要一种既能溶于脱水剂又能溶于包埋剂（石蜡）的媒介，逐步将脱水剂置换成包埋剂。可选用二甲苯、苯、香柏油等作为置换剂将脱水剂置换，经过这个处理步骤组织块呈现半透明状，所以把这一过程称为"透明"，其目的是为了浸蜡和包埋。

（2）透明的操作　组织浸入 100% 乙醇：二甲苯（1∶1）30 min，之后再浸入二甲苯Ⅰ、二甲苯Ⅱ、二甲苯Ⅲ各 10~15 min，到组织透明为止。

（八）浸蜡

（1）准备工作　在浸蜡前需做好准备工作，准备 2~3 个蜡杯，52~60℃石蜡，提前加热使蜡熔化。

（2）浸蜡操作　将已透明的组织块放入二甲苯－石蜡混合液蜡Ⅰ杯内，约 30 min，然后放入蜡Ⅱ（56℃）、蜡Ⅲ（60℃）杯，各浸蜡 1~1.5 h，共需浸蜡 3~4 h。

注意事项：浸蜡即石蜡的渗入，是先将石蜡熔化在含有组织的透明剂内，如石蜡与二甲苯的等量混合液中（或苯与石蜡，氯仿与石蜡等），这样可减少组织的收缩和扭转，使蜡随着透明剂渗入组织的各个部分，然后再逐渐用石蜡替代透明剂，直到透明剂被石蜡完全取代，使组织和石蜡成为不可分离的状态，便于包埋后切片。

浸蜡的时间根据不同组织类型及其大小而定，基本上与组织固定时间成正比。组织块大小为 1~2 mm，需透蜡 2~3 h；组织块大小为 2~3 mm，需透蜡 3~4 h；组织块大小为 3~5 mm，需透蜡 4~6 h；较大的组织块可适当延长透蜡时间。如果细胞体小、密集、纤维成分少，如肝、脾、骨髓应减少时间，含脂肪和纤维成分较多的组织需增加时间。组织在二甲苯－石蜡（或苯－石蜡）混合液中浸 0.5~1 h 时，大块组织则需数小时。

使用自动脱水机浸蜡时，应认真阅读说明书，了解脱水机蜡杯的温度控制数据，配合使用熔点适合的石蜡。在熔蜡箱中浸蜡时要注意箱内的温度应与石蜡的熔点相匹配，温度过高会使组织高度收缩变脆而无法切片，温度低于熔点达不到浸蜡的作用，使用时可调节温度至略高于石蜡熔点 1~2℃。

（九）包埋

（1）包埋前的准备　阅读自动包埋机（图 17-3）使用说明和操作流程，提前将自动包埋机开机预热，待石蜡槽（杯）中石蜡彻底熔化后才能使用。使用前要通过出蜡量控制钮将出蜡嘴流量调整到适宜流量后开始工作。

（2）包埋操作过程　将装有包埋盒脱水篮从蜡杯中取出，取出装有组织块的包埋盒置于包埋机的包埋盒预热槽中备用。取一个包埋盒，在预热槽中打开包埋盒，检查组织块是否浸蜡充分，丢弃不合格组织块。打开模子预热槽，取与标本大小适配的模子置于包埋工

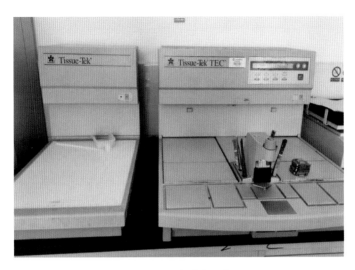

图 17-3　自动包埋机

作台上，触动出蜡开关，滴入少许蜡液，用包埋镊轻轻夹起组织块，使预留包埋面向下置于模子中央，将包埋盒的平面向下与模子紧密靠合后触动出蜡开关，继续滴入蜡液至充满模子为止，平稳移动"模子 + 包埋盒"至旁边的冷却台暂放。待蜡冷却至彻底凝固后，取下包埋模子放回预热槽中，组织块包埋完成。

如果组织较大或没有适配的包埋盒或模子时，可采用手工折成的纸盒替代包埋盒完成组织块的包埋。

注意事项：

（1）包埋操作时蜡液在室温下凝固较快，应及时更换包埋镊，避免影响操作质量。

（2）包埋机一般都带有蜡液收集盒（槽），在操作中应注意检查其中收集的蜡液量，及时清理，避免溢出。

（十）切片

（1）准备工作　以轮转式切片机为例，结构如图 17-4 和图 17-5 所示。准备好摊片机或展片台，水槽中加水并设定好温度，一般设定为 40℃左右。

操作前在老师的指导下熟悉切片机的结构及正确使用方法。熟悉组织块安装、置换、切片厚度选择、手轮锁使用等安全操作方法。

（2）切片刀安装及置换　在教师指导下，将切片刀（图 17-6）安装在刀架上，调整好切削角度、切片厚度。切片刀应从一侧开始依次使用。调整好刀架倾角，一般在 4°~5°，倾角过大可使切片上卷，过小则刀背易刮到蜡块、切片起皱。

（3）包埋块安装　将包埋块安装于蜡块夹上（图 17-7），包埋面与切片刀平行，拧紧组织块固定螺栓固定好。

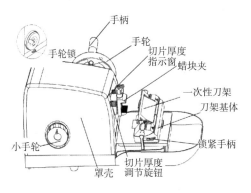

图 17-4　轮转式切片机结构图

图 17-5　轮转式切片机

图 17-6　切片刀

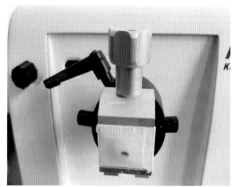

图 17-7　蜡块夹

（4）修片　安装好后先进行修片，切除包埋面多余的石蜡和组织块上不平整的部分，便于获得满意的切片。调整切片厚度设定装置，选择修切厚度，一般设置为 > 10 μm，多为 10 ~ 30 μm。

（5）切片　调整切片厚度设定装置，选择修切厚度。动物细胞的平均直径为 6~10 μm，所以切片厚度值多设定为 5 μm 左右，一般切片机最薄可切 3 μm。

（十一）摊片、粘片、烤片

用镊子、解剖针或毛笔等粘取切下来的蜡片置于摊片机水槽中，用铅笔标记好载玻片，待蜡片展平即可用载玻片伸入水中把蜡片捞出，将蜡片贴至载玻片上，用解剖针或眼科镊拨正位置，倾倒去多余水分后平放载玻片。

若组织中观察目标成分易溶于水（如糖原），可将用于摊片的水换成 50% 或 70% 乙醇。

烤片：粘好的切片置于烤片台上烤干，也可置于恒温箱中烤干，温度可选 37~40℃。

注意事项：

（1）禁止切片刀刀刃朝上摆放，禁止用手触碰切片刀刀刃；切片刀意外掉落时禁止用手接；在每次更换操作切片刀、进行更换标本操作前和在操作休息时一定要锁住手轮。除手轮锁外，轮转式切片机通常还配备机械锁或电磁锁等，必须按使用说明书使用，保证安全。

（2）切片机螺丝不得随意松紧，搬动时不得搬动机轮，应托住机身。

（3）切下的蜡片极其轻薄、易飘落或受静电影响，操作时注意防风，在操作中宜戴口罩操作，防止把蜡带吹散。在向水槽中投放蜡片时，注意观察将有皱纹面朝上放；如在空气干燥的季节可在操作台上使用加湿器增加湿度，方便操作。

（4）废物槽是用来承接修片及切片过程中产生的丢弃的蜡片的装置，操作完成后再将收集的废蜡片集中回收利用或丢掉，如果任由废弃的蜡片飘落在台面或地面会难于清理。

（十二）染色

染色原理是利用细胞内不同的化学成分对染料有选择性染色能力，如细胞内酸性物质（如核酸）因易与碱性染料亲和而被染色，细胞质对酸性物质亲和力强，易被酸性物质染色，即为嗜色性。细胞质在碱性染液或细胞核在酸性染料中长时间浸染也可有轻度染色，如苏木素 – 伊红 (hematoxylin eosin, HE) 染色时，苏木素可将细胞核染成淡蓝色，伊红可将细胞质染成红色，这种现象可能与细胞核和细胞质的化学成分有关。染液 pH 值与染色效果关系很大，一般碱性物质在低 pH 值染液内染色，酸性物质在较高 pH 值的染液内易染色。"嗜酸性"和"嗜碱性"是指该物质易被酸性或碱性染料所染，与本身酸碱性正相反。

染色过程中也存在物理吸附现象，当组织浸于染液内，染液中分散的色素粒子的分子引力作用，使色素粒子被组织吸附，呈现颜色，如苏丹染液浸染脂肪时，苏丹染料溶于脂肪内，是一种溶解现象。

（1）染液　HE 染色是最常用的组织切片染色方法，广泛应用于生物学、组织学、病理学、细胞学领域。

HE 染液是适用于任何固定液固定的材料。HE 染色的标本不易褪色可长期保存。

实验室可用苏木素及伊红粉剂配制 HE 染液，参考配方见附录 2。市售苏木素染液有 Mayer 型、改良 Harris 型、改良 Lillic-Mayer 型；伊红染液可分为水溶型、醇溶型两种，一般配制成 0.5%~1% 水溶液，醇溶型一般用 70% 或 95% 乙醇配制。

（2）染色操作步骤　以 HE 染色为例，染色流程参见附录 3。

① 干燥切片置于染色提篮中，放入二甲苯I、二甲苯II 缸中脱蜡 5 min。

② 放入二甲苯：100% 乙醇 (1:1) 中 5 min。

③ 放入 100% 乙醇I、II 各 3~5 min。

④ 依次放入 95%~70% 乙醇中各 1~2 min。

⑤ 放入蒸馏水（去离子水）洗数秒。

⑥ 放入苏木素中染色 10~15 min，根据染液成熟程度及室温延长或缩短染色时间。

⑦ 放入自来水流水冲洗，使颜色发蓝，冲洗至少 15 min，用显微镜观察见颜色变蓝为止。

⑧ 分色，放入酸性水中褪色，见切片变红、色浅即可，约几秒至几十秒。

⑨ 再放入自来水流水冲洗使蓝色恢复，低倍镜镜检见细胞核呈蓝色，结构清楚，细胞质或结缔组织纤维成分呈无色为标准。

⑩ 放入蒸馏水洗一次。

⑪ 放入 70% 伊红乙醇溶液染 1~3 min。如伊红不易染色，可滴加冰醋酸数滴以助染。

⑫ 脱水，切片放入 70%、80%、90% 乙醇各 1~2 min。

⑬ 放入 95%、100% 乙醇Ⅰ、100% 乙醇Ⅱ各 3~5 min，取出后用吸水纸吸干多余乙醇。

⑭ 放入二甲苯：乙醇（1∶1）、二甲苯Ⅰ、二甲苯Ⅱ各 3~5 min。

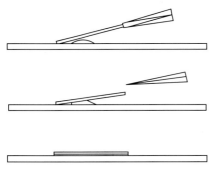

图 17-8 封片操作示意图

（十三）封片

取出玻片，用滤纸吸除多余二甲苯，滴树胶于标本上，盖好盖玻片，完成封固（图 17-8）。

注意事项：滴加树胶时要适量，以防溢出盖玻片外，过少封闭不严。加盖玻片时应斜放，使盖玻片一侧先与封藏剂接触，然后缓缓落下全部盖玻片，可避免产生气泡。

（十四）镜检

待树胶凝固后，将染好的切片置于显微镜下镜检，按要求拍照。

【预期结果】

组织切片中细胞核被苏木素染成蓝色，细胞质被伊红染成红色，核仁、肌纤维、胶原纤维也为伊红所染色，红细胞染成朱红色。细胞核、细胞质色彩鲜明，红蓝相映为符合要求的实验结果（图 17-9~ 图 17-14）。

各小组对符合标准的切片标记、编号，提交。制作失败的切片选取典型案例作为小组分析讨论标本。

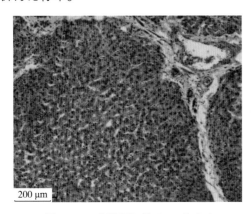

图 17-9 小鼠肝切片（HE 染色）

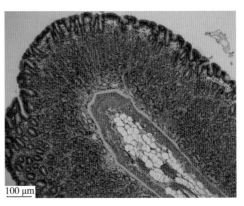

图 17-10 小鼠胃切片（HE 染色）

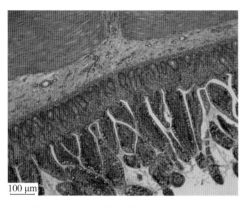

图 17-11　小鼠空肠切片（HE 染色）

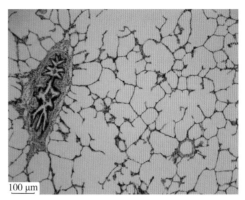

图 17-12　肺切片（HE 染色）

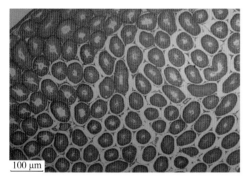

图 17-13　睾丸切片（HE 染色）

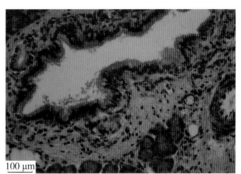

图 17-14　胰腺切片（HE 染色）

讨论题：

以小组为单位镜下判读本组制作的石蜡切片，总结分析制作失败的原因并完成实习报告。

附：切片过程常见问题及解决方法

①切片分离不能形成蜡带：室温过低或石蜡过硬，蜡块过小或不平所致，此时应提高温度，在切片机旁加点酒精灯，或快切，或重新包埋。

②蜡带弯曲：蜡块上下面不平行，刀钝，蜡块不与刀片平行所致，可修整蜡块使其上下平行或移动刀口至锋利处。

③蜡片上卷：刀片不够锋利，刀口太钝或不清洁，切片刀架角度过大或石蜡过硬所致，应及时纠正。

④蜡片粘刀或切片皱缩：室温过高或石蜡太软所致，将组织块置于冰箱中，冰冻一下即可。

⑤切片厚薄不一：蜡块未固定紧，切片机磨损或发生故障。

⑥切片出现裂痕或破裂：组织浸蜡不足，浸蜡温度过高，在透明剂中时间过久导致组织发脆。

⑦切片出现纵口：刀有缺口或石蜡内有硬物或刀口不洁净所致，可清洁刀口，刀架侧向移动至刀片锋利处。

⑧切片时有明显摩擦声，且被切下的蜡片标本处有孔洞：可能是组织透蜡时温度过高致组织损坏。

⑨切片上的组织与石蜡分离：透蜡不足，可熔化并重新包埋。

⑩蜡块底面出现白色不规则缺损：切片刀角度过小，调大切片刀角度。

第 十 八 章 | 示范教学

实习五　冰冻切片法

冰冻切片是一种在低温条件下使组织快速冷却到一定硬度，然后进行切片的方法。冰冻切片实际上是利用包埋剂，将组织冰冻至坚硬状态后切片。因其不涉及乙醇脱水、二甲苯透明等有机溶剂处理步骤，能较好保存组织内酶、糖及表面抗原的抗原性，是免疫组织化学和免疫荧光染色中的常用切片方法。在冰冻切片前组织不经过任何化学药品处理或加热过程，大大缩短了制片时间，故常作为快速切片的方法应用在临床诊断中。此外，脂肪组织和神经组织的切片一般选用冰冻的方法。但冰冻切片厚度（8~10 μm）较石蜡切片（3~5 μm）厚，所以最后呈现的组织形态往往不如石蜡切片清晰。

【实习目的】

了解冰冻切片机的基本构造及应用；了解冰冻切片法制片过程及操作注意事项。

【实习内容】

学习制作小鼠肝组织冰冻切片。

【实习操作】

（一）准备工作

新鲜肝组织、OCT 包埋剂、固定液、苏木素、伊红、乙醇、二甲苯、标本托、载玻片、显微镜、毛笔、恒温冰冻切片机等。

（二）认识冰冻切片机

冰冻切片的种类较多，有低温恒冷箱冰冻切片法、二氧化碳冰冻切片法、甲醇循环制冷冰冻切片法等，目前常用的是低温恒冷箱冰冻切片法。

恒温冷冻切片机的结构主要由冷箱体及切片机构成，具有快速双重制冷、自动除霜、自动消毒、负压等功能。冰冻切片机结构如图 18-1 所示。

（三）组织取材

应尽可能快地摘取新鲜的组织，具体要求有以下几点：

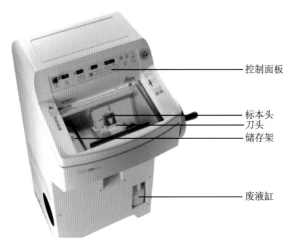

控制面板

标本头
刀头
储存架

废液缸

图 18-1 冰冻切片机

（1）标本必须新鲜无固定,无液体浸泡。

（2）组织块大小厚薄适宜。

（3）组织块未受挤压,尽量保持组织的原有形态。

（4）选择好组织切面。

（5）保持组织的清洁,组织内有异物一定要清除。

（6）切除不需要的部分,遇有脂肪组织要剔除。

注意事项:

（1）取材的组织不能带有水分,否则容易形成冰晶,影响观察。

（2）组织取材需迅速,骤冷速度快且均匀,但是骤冷时间不能过长。

（四）速冻固定

（1）冷冻前将恒温冷冻切片机的速冻头温度和箱内温度调整到适宜的切片温度,一般情况下为 −25~−18℃。

（2）在包埋模具上涂一层冷冻包埋剂 OCT,然后将取材后的新鲜标本安放在标本包埋模具上并用 OCT 包埋剂覆盖标本。当组织块较小或较薄时,可先将 OCT 滴加在包埋模具上,冻成一个小冷台,将组织放在小冷台上,再覆盖 OCT 冷冻,并用冷冻锤轻轻压平（图 18-2、图 18-3）。

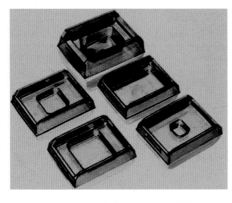

图 18-2 冰冻切片包埋模具

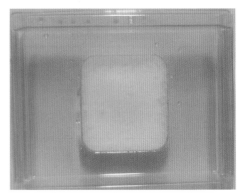

图 18-3 包埋好的组织块

（3）将包埋好的组织块置于 −80℃冰箱中 3~5 min 或置于切片机的冷冻台中,温度的选择根据组织来源和组织块大小而定,一般在 −20~−10℃,时间 10~20 min。

（4）标本冷冻完成后,在标本托上涂一层冷冻包埋剂 OCT,然后从包埋模具中取出冻好的组织块，贴于标本托（图 18-4）上，置于切片机中的储存架中待切。

注意事项：

（1）组织埋入 OCT 中需要展平，且 OCT 中不能有气泡。

（2）若需要保存，应快速以铝箔或塑料薄膜封包，立即置入 –80℃冰箱储存备用。

（五）切片

（1）以粗切削的方式进行标本的切削，直至暴露标本的最大平面。用毛笔清除机头、标本托及刀片上的组织碎屑。

（2）确认切片的厚度，一般 5~10 μm，根据组织的不同可适当调整切片的厚薄。

（3）放下防卷板，使其位置恰好与刀片的刀刃完全平行并略突出刀刃。

（4）转动大轮推进的方式进行切片，良好的切片将在防卷板下方形成一张完整平坦无褶的薄片，若切片略有弯曲可用小毛笔轻轻展平。

（5）打开防卷板，用载玻片平稳的轻压组织，使其平整的吸附到载玻片上（图 18-5）。

图 18-4　标本托

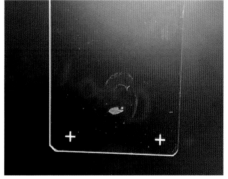

图 18-5　制好的组织切片

注意事项：

（1）切片前，厚度应预先调制好，刀具提前安放好。

（2）切片时，低温室内温度以 –20~–15℃为宜，温度过低组织易破碎。

（3）防卷板的位置及角度要适当，载玻片附贴组织切片，切勿上下移动。

（4）切片时，观察窗不可打开过大，以防温度升高影响切片。

（5）切片污染是病理组织制片的大忌，在冷冻切片粗削后必须用毛笔清洁碎屑，以防其他组织碎屑沾染到正在进行切片的标本上。

（六）固定与染色

（1）冷冻切片应立即放入 EAF 固定液中固定 5 min，再放入 37℃烘箱中干燥 2 min。EAF 固定液参考配方见附录 1。

（2）染色步骤参照石蜡切片 HE 染色，经过染色、水洗、脱水、透明，完成封片。

（3）冰冻切片也可用于免疫组织化学染色，步骤见实习六。

注意事项：

（1）室温过低时，影响染色，可适当加温促进染色。

（2）盐酸乙醇分化应适度，显微镜下控制，否则易造成核染色不佳，染色质不清晰。

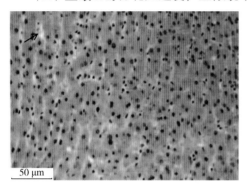

50 μm

图 18-6　肝冰冻切片（HE 染色）

（3）染色后组织中若出现空泡，是由于固定时骤冷速度过慢产生的冰晶造成。

【预期结果】

肝冰冻切片如图 18-6 所示。

虽然冰冻切片较石蜡切片可显著缩短制片时间，但是冰冻切片比石蜡切片要厚，镜下清晰度较差。同时标本速冻过程中可能会产生冰晶，损伤细胞，染色后可能会出现空泡等。

实习六　免疫组织化学染色技术

免疫组化是应用免疫学基本原理，即抗原与抗体特异性结合的原理，通过化学反应使标记抗体的显色剂（酶、荧光素、金属离子、同位素）显色来确定组织、细胞内抗原（多肽和蛋白质），对其进行定位、定性及定量的研究，又称免疫细胞化学技术。

免疫组化的方法有直接法、间接法、酶桥法、PAP 法、ABC 法及 S-P 法等。目前，最常用的是 ABC 法和 S-P 法，S-P 法改进自 ABC 法，将链酶卵白素直接与酶耦合在一起，减少了操作步骤，进一步增加了灵敏度。本实习采用 S-P 法。

【实习目的】

了解免疫组化基本原理；掌握免疫组化实验操作，了解相关注意事项；了解免疫组化结果判定。

【实习内容】

学习石蜡切片和冰冻切片免疫组织化学染色的原理及主要操作过程。

【实习操作】

石蜡切片免疫组化染色时需要进行抗原修复，而冰冻切片不需要该步骤，具体操作如下。

（一）准备工作

（1）实验材料　不同浓度梯度的乙醇、PBS 缓冲液、3%H_2O_2、去离子水、10% 正常山羊血清、0.01 mol/L 柠檬酸钠缓冲液、DAB 显色试剂盒、第一抗体、第二抗体、中性树胶、苏木素等。

（2）实验用具　载玻片、盖玻片、恒温箱、微波炉、镊子、洗瓶、湿盒、切片架等。按附录 4 配制实验中需要的各种试剂。

（二）处理玻片

新的载玻片和盖玻片须经清洁液浸泡 12~14 h，流水充分冲洗后，蒸馏水清洗 5 次，置于 95% 乙醇 2 h 以上，用擦镜纸擦干。用铬钒明胶或者用 0.01% 多聚赖氨酸等均匀涂在载玻片上，贴片后放入烤箱中烤 1~2 h，取出置 -20℃冰箱内储存。也可购买包被好的防脱载玻璃片。

（三）切片制作

参照第十七章。

（四）石蜡切片免疫组织化学染色（DAB 显色）及细胞核复染

（1）石蜡切片 60℃预热 10~20 min。

（2）常规脱蜡：

①切片置于染色提篮中，放于二甲苯Ⅰ、二甲苯Ⅱ缸中脱蜡 5 min。

②放入二甲苯：100% 乙醇（1∶1）中 5 min。

③放入 100% 乙醇Ⅰ、100% 乙醇Ⅱ各 3~5 min。

④放入 95% 乙醇Ⅰ、95% 乙醇Ⅱ各 3~5 min。

⑤放入 75% 乙醇 3~5 min。

⑥放入 50% 乙醇 3~5 min。

⑦放入去离子水 3~5 min。

（3）向切片上滴加 PBS 缓冲液，轻晃 30 s，倾去，重复 3 次。

（4）进行内源性过氧化物酶的淬灭处理：滴加 3% H_2O_2 去离子水于切片上，湿盒中孵育 10 min（室温）。用 PBS 浸泡清洗 3 次，每次 5 min，尽可能洗去残留的 H_2O_2。

（5）抗原修复：用 0.01 mol/L 柠檬酸钠缓冲液（pH 6.0）于微波炉大火加热至沸腾并保持 8 min，组织切片自然晾至室温。根据组织可进行 1~2 次。

（6）向切片上滴加 PBS 缓冲液，轻晃 30 s，倾去，重复 3 次。

（7）收入 10% 正常山羊血清封闭，室温下封闭 30~60 min 后，倾去组织上液体，勿洗。

（8）向切片滴加适量稀释后一抗，4℃下孵育过夜（注：阴性对照组将一抗换为 PBS 缓冲液）。

（9）切片置于 37℃温箱中，复温 1 h。

（10）向切片上滴加 PBS 缓冲液，轻晃 30 s，倾去，重复 3 次。

（11）向切片滴加适量生物素标记二抗，37℃下孵育 15 min。

（12）向切片上滴加 PBS 缓冲液，轻晃 30 s，倾去，重复 3 次。

（13）向切片滴加辣根酶标记链霉卵白素溶液，37℃下孵育 15 min。

（14）向切片上滴加 PBS 缓冲液，轻晃 30 s，倾去，重复 3 次。

（15）按照 DAB 显色试剂盒操作步骤滴加显色液，湿盒孵育 5~15 min。

（16）放入自来水流水充分冲洗 3~5 min。

（17）放入苏木素中染色 10~15 min，根据染液成熟程度及室温延长或缩短染色时间。

（18）放入自来水流水冲洗，使颜色发蓝，冲洗至少 15 min，用显微镜观察见颜色变蓝为止。

（19）分色，切片放入酸性水中褪色，约几秒至几十秒，当切片变红，色变浅即可。

（20）切片再放入自来水流水冲洗使蓝色恢复，低倍镜镜检见细胞核呈蓝色、结构清楚，细胞质或结缔组织纤维成分呈无色为标准。

（21）封片操作参照第十七章。

注意事项：

（1）抗原热修复应注意的问题：热处理后应自然冷却切片；不能煮干修复液；不是任何抗原的检测都使用该方法；但是同一批抗原的检测温度和时间应保持一致（抗原修复方法、高压蒸汽法等热修复法及酶解抗原修复法等其他方法）。

（2）本操作规程为大致流程，实验操作中需根据组织来源、组织固定时间等因素对各步骤的孵育或持续时间进行调整。

（3）复水和脱水时所用的梯度乙醇不可混用，要区分开。

（4）加抗体和显色液时，都要将切片甩干，在半干半湿的状态下再加，否则容易造成溶液的二次稀释。

（5）在显色之前的操作过程中一定不能干片。

（五）冰冻切片免疫组织化学染色（DAB 显色）及核复染

（1）固定：将冰冻组织切片放入 EAF 固定液固定 5 min，再放入 37℃烘箱中干燥 2 min。

（2）向切片上滴加 PBS 缓冲液，轻晃 30 s，倾去，重复 3 次。

（3）向切片上滴加 3% H_2O_2 去离子水，室温上孵育 10 min

（4）向切片上滴加 PBS 缓冲液，轻晃 30 s，倾去，重复 3 次。

（5）向组织中滴加正常山羊血清，室温下封闭 30 min 后倾去血清，勿洗。

（6）向切片滴加适量稀释后一抗，4℃下孵育过夜（注：阴性对照组将一抗换为 PBS 缓冲液）。

（7）切片置于 37℃温箱中，复温 1 h。

（8）向切片上滴加 PBS 缓冲液，轻晃 30 s，倾去，重复 3 次。

（9）向切片滴加适量生物素标记二抗，37℃下孵育 15 min。

（10）向切片上滴加 PBS 缓冲液，轻晃 30 s，倾去，重复 3 次。

（11）向切片滴加辣根酶标记链霉卵白素溶液，37℃下孵育 15 min。

（12）向切片上滴加 PBS 缓冲液，轻晃 30 s，倾去，重复 3 次。

（13）按照 DAB 显色试剂盒操作步骤滴加显色液，湿盒孵育 5~15 min。

（14）放入自来水流水充分冲洗 3~5 min。

（15）放入苏木素中染色 10~15 min，根据染液成熟程度及室温延长或缩短染色时间。

（16）放入自来水流水冲洗，使颜色发蓝，冲洗至少 15 min，用显微镜观察见颜色变蓝为止。

（17）分色，切片放入酸性水中褪色，约几秒至几十秒，当切片变红，色变浅即可。

（18）再放入自来水流水冲洗使蓝色恢复，低倍镜镜检见细胞核呈蓝色，结构清楚，细胞质或结缔组织纤维成分呈无色为标准。

（19）封片操作参照第十七章。

【预期结果】

典型的阳性反应呈现褐色，苏木素复染后细胞核呈蓝紫色。染色阳性结果应表达在预期对应的组织结构中抗原特定部位上，且定位清晰准确，而无背景染色结果（图 18-7、图 18-8）。

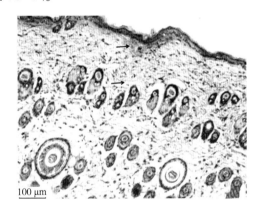

图 18-7 大鼠皮肤中硫酸软骨素的
免疫组化 DAB 显色

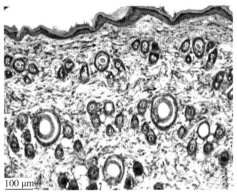

图 18-8 大鼠皮肤中 P 物质的
免疫组化 DAB 显色

实习七 数码显微照片拍照技术基础

数码显微摄影技术在生物学领域得到广泛应用。数码显微照片拍照是利用显微镜的物镜和目镜所组成的光学成像系统作为照相机的镜头对肉眼无法看清的标本进行拍照，并成像在计算机上。在普通光镜上安装高敏感数码相机或摄像机，辅以图像增强和分析系统，建立数字化图像，还可进行图像定量分析。

【实习目的】

学习和掌握数码显微摄影基本技能。

【实习内容】

（一）了解显微摄影技术操作流程

了解数码显微镜结构，学习显微镜的校准、显微照相软件（包括测微尺的使用、白平衡调节、色彩调节）使用、照片重点显示信息标注等。

（二）独立完成数码显微摄影的全过程

以动物血涂片为例学习完成数码显微镜摄影操作，制作照片。

【实习操作】

（一）认识数码显微镜及操作软件

以常用数码显微镜及 Motic Images Plus 2.0 系统为例（图 18-9）。

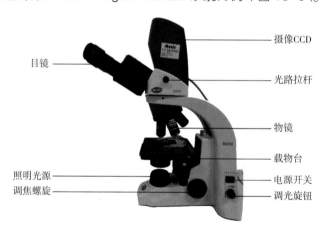

图 18-9　互动显微镜侧端图

（二）数码照片拍摄

（1）检查光学器件和光路、载物台等是否清洁，必要时进行清理擦拭。

（2）正确连接主电源，视频插头。开机。

（3）打开光源开关，调节光强到合适大小。

（4）转动物镜转盘，使低倍镜头正对载物台上的通光孔。

（5）将所要观察的载玻片放在载物台上，使载玻片中被观察的部分位于通光孔的正中央。

（6）低倍物镜观察（4×）：观察之前，先转动粗动调焦手轮，使载物台上升，物镜逐渐接近载玻片。通过目镜观察，并转动粗动调焦手轮，使载物台慢慢下降，直到看清物像。如果物像偏离视野，可调节载物台移动杆。

（7）瞳距调节：使两目镜距离与自己两眼距离相等。

（8）高倍物镜观察：把物像中需要放大观察的部分移至视野中央。将高倍物镜转入光路（一般具有正常功能的显微镜，低倍物镜和高倍物镜基本齐焦，在用低倍物镜观察清晰时，换高倍物镜应可以见到物像，但物像不一定很清晰），转动微动调焦手轮进行调节。

（9）双击电脑桌面上 Motic Images Plus 2.0 系统图标，打开图像采集系统。

（10）点击系统中"白平衡微调"模块，使背景为白。

（11）标本观察清晰后，拉开光路拉杆，使显微图像进入照相目镜中。

（12）转动微动调焦手轮进行调节，使显示屏中图像清晰。

（13）点击系统中"图像采集"模块，获取显微图像（图 18-10）。

（14）点击系统设置模块中的比例尺选项，根据所选物镜和目镜的放大倍数添加比例尺（图 18-11）。

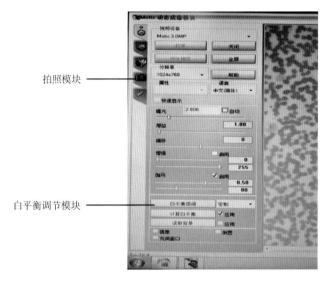

图 18-10　图像采集页面

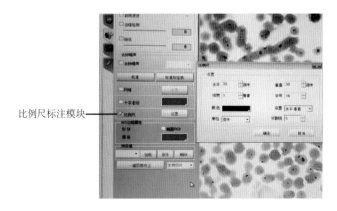

图 18-11　Motic 互动显微镜图像采集系统的比例尺添加模块

（15）记录显示的图像并保存至 U 盘。

（16）使用完毕后，先转到 4× 物镜再取下标本。复位拉杆，将光源亮度调到最低，关闭电源开关，冷却后罩上防尘罩。

注意事项：

（1）调焦时缓慢升降调焦系统，正确的调节焦距和瞳孔距。

（2）在观察中不要将光源或视场光栏开得过大或过小，因为这样的操作可能得不到视场图像。

（3）40× 或者 100× 镜头的工作距离非常短，如果操作不当有可能损伤高倍镜，操作时需注意观察。

（4）在转换物镜时，不要直接转动物镜镜头，会影响光轴的同轴和齐焦。正确的使用方法是应转动物镜转换器，得到想要的观察物镜。

【预期结果】

照片应结构清晰，反差适当，色彩还原度好。照片信息完整，包括图片名称、重点图示内容标注、标尺（放大倍数）等（图 18-12、图 18-13）。

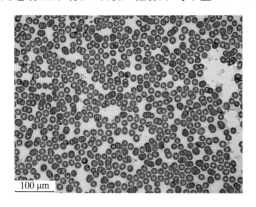

图 18-12　人血涂片显微摄影照片

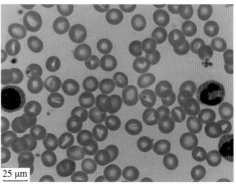

图 18-13　马血涂片显微摄影照片

参 考 文 献

陈秋生，2019. 动物组织学与胚胎学 [M]. 北京：科学出版社 .

龚志锦，詹镕洲，1994. 病理组织制片和染色技术 [M]. 上海：上海科学技术出版社 .

李子义，栾维民，岳占碰，2014. 动物组织学与胚胎学 [M]. 2 版 . 北京：科学出版社 .

彭克美，2016. 动物组织学及胚胎学 [M]. 2 版 . 北京：高等教育出版社 .

彭克美，张登荣，2002. 组织学与胚胎学 [M]. 北京：中国农业出版社 .

石玉秀，2018. 组织学与胚胎学彩色图谱 [M]. 3 版 . 北京：高等教育出版社 .

唐军民，李英，卫兰，等，2003. 组织学与胚胎学彩色图谱（实习用书）[M]. 北京：北京大学医学出版社 .

腾可导，2014. 彩图动物组织学与胚胎学实验指导 [M]. 2 版 . 北京：中国农业大学出版社 .

徐昌芬，陈永珍，缪亦安，2001. 组织胚胎实验学 [M]. 南京：东南大学出版社 .

杨银凤，2011. 家畜解剖学与组织胚胎学 [M]. 4 版 . 北京：中国农业出版社 .

附录1 固定液配制及使用

1. 乙醇

80%~90% 乙醇可作为固定液使用。

乙醇有固定、硬化、脱水的作用，乙醇固定液具有渗透力强，能沉淀白蛋白、球蛋白、核蛋白，多用于糖原固定。缺点是乙醇固定后的组织细胞核染色不良，而且组织收缩较大，易变硬。

2. 甲醛单纯固定液

甲醛生理盐水液：甲醛液 100 mL，氯化钠 85 g，自来水或蒸馏水 900 mL。

中性 10% 甲醛液：甲醛液 100 mL，蒸馏水 900 mL，碳酸钙或碳酸镁足量。

中性缓冲甲醛液（pH 7）：37%~40% 甲醛液 100 mL，水 900 mL，磷酸二氢钠 4 g，磷酸氢二钠 6.5 g。

甲醛固定液渗透力强，固定均匀，组织收缩少。乙醇脱水、石蜡包埋后收缩强烈。对细胞核染色优于细胞质。长期固定后，需流动水冲洗 24~48 h，以免影响染色效果。甲醛溶液必须透明，若浑浊或产生高度聚合白色胶状三聚甲醛沉淀物，不宜使用。

3. 甲醛混合固定液

乙醇 - 甲醛液（AF 液）：95% 或 100% 乙醇 90 mL，40% 甲醛液 10 mL。

此固定液还有脱水作用，固定后可直接放入 95% 乙醇脱水，适用于皮下组织肥大细胞的固定。

4. Carnoy 固定液

冰醋酸 1 份，氯仿 3 份，100% 乙醇或 95% 乙醇 6 份。

此固定液渗透速度快，固定不宜过长，小块组织 2~3 h，固定后直接 100% 乙醇脱水，常用于糖原及尼氏体的固定。它固定的组织块经甲基绿派洛宁染色显示的 DNA、RNA 较好。此固定液 100% 乙醇固定细胞质，冰醋酸固定染色质外，还能防止乙醇引起的组织收缩及硬化。

5. Bouin 固定液

饱和苦味酸水溶液 75 mL，40% 甲醛 25 mL，冰醋酸 5 mL。该固定液渗透力强，对组织固定均匀且收缩较小，用本液处理后，酸性染料染色效果好。适用于大部分组织，特别适合于富含结缔组织的标本和胚胎标本。要求组织标本厚度一般不超过 5 mm，固定时间一般为 8~24 h，固定后需用 70%~80% 乙醇洗涤。

　　6. EAF 固定液

100% 乙醇	85.0 mL
冰醋酸	5.0 mL
4% 多聚甲醛	10.0 mL

充分溶解备用。

附录 2 染色剂配制

1. 瑞氏（Wright）染液配法

取 Wright 粉末 0.1 g，溶于 50 mL 甲醇即制成基液。

2. 吉姆萨（Giemsa）基液的配制

Giemsa 粉末 0.38 g，甲醇（中性）37.5 mL，40% 甘油 12.5 mL 混合后入 37℃温箱 48 h 即成基液。使用时，按 1:9 用缓冲液稀释后使用。

3. 苏木素染液配制

2.5 g 苏木素，20 mL 100% 乙醇溶解成 A 液，5 g 硫酸铝钾溶于 330 mL 蒸馏水为 B液，A、B 液混合后加入 250 mg 碘酸钠、150 mL 甘油、10 mL 冰醋酸。

4. 盐酸乙醇分色液配制

70% 乙醇 99 mL，滴加 1 mL 浓盐酸。

5. 伊红染液配制

伊红 0.3 g 溶于 95% 乙醇 100 mL，溶解后滴加 10% 冰醋酸 1 滴，即可使用。

附录3 推荐石蜡切片制作流程（HE 染色）

石蜡切片制作流程图

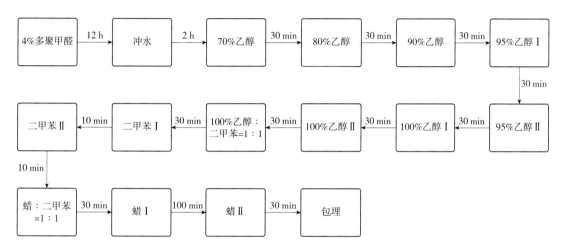

HE染色流程图

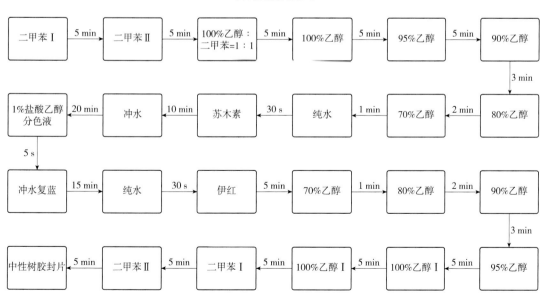

附录 4 相关溶液配制方法

1. 0.1 mol/L PBS 缓冲液

十二水合磷酸氢二钠	3.152 g
磷酸二氢钾	0.204 g
氯化钠	8.006 g
去离子水	1 000.0 mL

充分溶解，调节 pH 值为 7.4，4℃保存备用。

2. 0.01 mol/L 柠檬酸钠缓冲液

0.1 mol/L 柠檬酸	4 mL
0.1 mol/L 柠檬酸钠	16 mL
去离子水	180 mL

3. 3% H_2O_2 溶液

用甲醇或去离子水稀释。

4. DAB 显色液

按试剂盒说明书配制。注意混合均匀，现配现用，避光保存。